Juan Martínez Otero

Tsunami Digital hijos surferos

Guía para padres que no quieren naufragar en la educación digital

freshbook
Family

freshbook es un sello editorial de CREO, S.L.
Ilustraciones: Nuria Corpas Cano
Revisión de estilo: Marta Moreno Candel

www.freshbook.es

Primera edición: Mayo 2017
Impreso en Madrid (España)

ISBN: 978-84-945751-1-2
Depósito legal: M-10674-2017

A mis padres, por enseñarnos
a surfear tantas olas.

Y a Fátima J-A. M.
y Juan M. G-B.,
para que nos echen
un ojo desde la orilla.

ÍNDICE

Leo

PRÓLOGO

Leopoldo Abadía

Empiezo a leer este libro y me encuentro con que Juan, muy al principio, nos dice que no seamos llorones y que «Surf's up!».

Esto me anima. No sé exactamente en qué dirección, pero me anima. A mí, que no he visto de cerca nunca una tabla de surf y que, si la viera, no sabría qué hacer con ella.

Sigo leyendo. Lo del surf es una metáfora. Se trata de convivir con el tsunami digital. Luego lo pienso mejor. No es convivir, es surfear, o sea, ponerse encima de la ola y conseguir llegar a la playa, muchas veces acompañado por los aplausos de gente como yo, admirada —iba a decir aterrorizada— al ver lo que ha hecho el surfista, sin poner cara de héroe.

Para animarme, pienso que, sin darme cuenta, también yo surfeé con mis 12 hijos, pero tengo la sensación de que aquello era más fácil. Ahora, veo a mis 47 nietos —no solo a los mayores— y se me escapa un suspiro de alivio: «¡Menos mal que este tsunami vino después!». Porque poder estar enganchado constantemente a todo el mundo —y cuando digo «todo» quiero decir TODO; si no, diría «una parte»— tiene enormes ventajas y trae consigo enormes problemas. No sé si la palabra correcta es «enormes». Quizá es más adecuado hablar de nuevos problemas, que van apareciendo a toda velocidad, problemas que los chavales surfean y que los padres intentan surfear, aunque a veces acaben perdiendo la tabla, que, además, les puede pegar en la nuca.

Hablo de este prólogo con un chico de 20 años. Me interesa mucho su opinión. Empiezo y me corta: «concentración». Le miro con sorpresa y él repite: «concentración». Y, animado por mi desconcierto, remata: «Vosotros os poníais a estudiar. Mirabais el reloj y decíais: "una hora". Y trabajabais una hora, porque teníais silencio externo e interno».

Como ve que pongo cara de que me estoy perdiendo, me lo aclara: «Ahora, el silencio más difícil es el interno. Te cuento mi caso: me pongo a trabajar en un sitio tranquilo. Inmediatamente recibo un whatsapp de mi novia: "¿Qué haces?". Si no le contesto, se enfada. Si le contesto "estoy estudiando", pide detalles. Y, si no tengo mucho cuidado, me paso horas dando detalles y hablando de dónde iremos esta tarde cuando acabe de estudiar.

»Luego está Siri, la amiga que lo sabe todo y a la que acabo preguntándole qué tiempo hace en las Azores, cosa que, en realidad, no me importa nada.

»Después me pongo a estudiar. Necesito un dato. Me meto en Internet. Dos horas más tarde, he estado navegando como un loco, pero del dato, nada. Distracción y pura distracción».

...Al llegar aquí, me siento en la obligación de defender a los chavales, extendiendo la culpa. En el libro, Juan cuenta la situación de una profesora con unos padres que han ido al colegio de su hija a hacer tutoría. En plena conversación, el padre recibe una llamada, que atiende rompiendo el hilo de lo que estaban hablando, mientras su mujer y la profesora esperan pacientemente.

Una amiga mía, profesora de un colegio, me dice que eso le pasa a ella con cierta frecuencia y que ve claro aquello de que en un colegio, el orden de la educación debe ser: padres, profesores, alumnos.

Que ya lo sé. Que esto es lo normal. Pero desde hace una temporada, me ha dado por repetir que lo anormal, cuando se hace muchas veces, no se convierte en normal. Se convierte en anormal frecuente, que es distinto.

En su libro, Juan dice que, según Andrés Calamaro, los salmones se pasan la vida nadando contra corriente, para mantenerse en el mismo sitio.

Indudablemente, las recomendaciones de Juan son para ir contra corriente, pero me parece que no aspira a que nos mantengamos en el mismo sitio. Por eso me ha gustado este libro. Porque me parece que Juan quiere que avancemos, que a contra corriente también se puede avanzar.

Lo que pasa es que cuesta esfuerzo.

Pero nadie ha dicho nunca que educar a los hijos mientras nos educamos nosotros mismos es una tarea fácil y a tiempo parcial.

Es un trabajo duro, *full time*, pero como todo lo difícil y todo lo que exige esfuerzo, vale la pena.

Esta revolución me coge tarde, aunque, ayudado por mis hijos y por mis nietos, me voy defendiendo.

Ahora me ha ayudado Juan. Y para que se vea que es verdad y que, además, tengo buena voluntad, he decidido poner en marcha los consejos que me da sobre cómo surfear la ola de la adicción.

No se lo he contado a nadie, por si acaso fallo y no hago ayuno digital, no limito el número de veces que entro en un sitio cada día o no lucho contra el síndrome de Diógenes, que acabo de descubrir oculto en mi smartphone, sección «Fotografía», subsección «Fotos», donde tengo almacenadas 6.122 fotos y, por si fuera poco, 551 vídeos. (En este momento, uno de mis nietos me dice que no existen ni las secciones ni las subsecciones. Por lo que se ve, todo son aplicaciones. Si Diógenes levantara la cabeza...).

Estoy dispuesto a poner concentración en mis relaciones electrónicas, porque sería muy triste que la gente dijera: «Usted, mucho hablar, pero no hace nada de lo que recomienda».

Pero sería mucho más preocupante que Juan, a posteriori, se arrepintiera de haberme pedido que le prologase este libro.

Juan, quédate tranquilo, que lo he leído subrayando y yo, cuando subrayo, es que le doy importancia a lo que leo.

Y he subrayado muchas cosas.

Muchas.

Tsunami. Del jap. Ola gigantesca producida por un maremoto o una erupción volcánica en el fondo del mar.

La revolución digital produce olas gigantescas que llegan a nuestras casas a través de las más variadas pantallas.

Como educadores podemos adoptar diferentes actitudes ante este tsunami de ceros y unos:

La aceptación acrítica e ingenua, que hará de nuestros hijos náufragos tecnológicos. La resistencia obstinada y restrictiva, que los aislará como a robinsones cibernéticos, ansiosos de escapar de nuestro control. La ilusión por dominar las herramientas y superar sus desafíos, convirtiendo a nuestros hijos en surferos digitales.

No mires para otro lado. No seas un llorón reactivo. Ponte el bañador y coge la tabla. *Surf's up!*

No puedes parar las olas. Pero puedes aprender a hacer surf.
Jon Kabat Zinn

Introducción: ¡Que viene el tsunami!

La ¿suerte? de ser los primeros

Hay un cierto romanticismo en la figura del descubridor, del pionero. A todos nos admira el espíritu de conquista, el valor de quien lleva unos kilómetros más allá la frontera, y la defiende al precio de su sangre. Las figuras del cowboy, del sheriff, del creativo… tienen algo mítico: Hernán Cortés, Amundsen, Marco Polo, Steve Jobs…

Bueno, pues voy a decirte una cosa: somos conquistadores. Somos pioneros. Somos los primeros seres humanos que hemos puesto nuestra planta en Internet. Y si eres padre o madre, eres miembro de un selecto club: el de los primeros padres de la historia que tuvieron que educar a sus hijos en Internet.

Somos pioneros. Para lo bueno y para lo malo, somos los primeros seres humanos que hemos puesto nuestra planta en Internet.

Ahora bien, la figura del pionero está también algo distorsionada, como esas postales de playas del Caribe, donde no salen los mosquitos ni el calor pegajoso, donde no se percibe que los daiquiris son de garrafón...

No hay que engañarse: la mayoría de los descubridores murieron en la conquista. Los pioneros solían ser tomados por locos; muchos estaban famélicos; otros eran despedidos... Algunos eran considerados como gente bastante peculiar, por no decir tarada.

> *En nuestra aventura por educar en Internet habrá moscas, cansancio, desiertos y calor pegajoso. Habrá dudas sobre el rumbo a seguir y muchas, muchas revueltas y motines de la tropa. Pero si triunfas, si triunfamos, serás un verdadero pionero.*

En nuestra aventura por educar en Internet habrá moscas, cansancio, desiertos y calor pegajoso. Habrá dudas sobre el rumbo a seguir y muchas, muchas revueltas y motines de la tropa. Algún amigo nuestro, al conocer las medidas educadoras que proponemos en casa, pensará que también nosotros estamos tarados o que somos trogloditas analógicos.

Pero si triunfas, si triunfamos, seremos unos verdaderos pioneros. Unos conquistadores. De eso trata este libro:

—de cómo educar en el uso de las nuevas tecnologías.
—de cómo establecer una civilización racional en la jungla de la Red.
—de cómo surfear el tsunami de Internet.
—de cómo aprovechar todo lo bueno, sin dejarnos atrapar por los riesgos de este nuevo continente digital de ceros y unos.

Este libro pretende ser un manual de defensa personal frente a las nuevas tecnologías, una guía para la conquista, un curso acelerado de surf. Para ti y para tus hijos.

Todos somos nuevos aquí e intentamos mantenernos a flote y encontrar un rumbo en medio de esta avalancha caótica de información, reclamos y posibilidades que es Internet.

Ser el primero es un desafío. No tengo claro que sea una suerte. En una batalla, el que va el primero normalmente vuelve a casa en una caja de pino. Quien descubre un explosivo, un veneno, un río o un océano... normalmente es víctima de su descubrimiento. Pero bueno, sea una suerte o una desgracia, te ha tocado. Nos ha tocado. Así que toca remangarse y trabajar.

Quizá el primer reto de educar en Internet sea la falta de experiencia que todos tenemos.

Los humanos basamos la educación en la repetición de pautas que hemos aprendido. Todo padre o madre, a la hora de educar, suele preguntarse: «¿Qué hizo mi padre conmigo?¿Qué pasaba si yo le contestaba así a mi padre? ¿O si llamaba tonta a mi hermana? ¿O si tiraba el plato de comida al suelo?».

Y uno actúa en consecuencia: castigo, risa, premio o reprimenda. Normalmente repetirá lo que hacían su padre o su madre, aunque también puede suceder que uno prefiera educar de otra forma. En cualquiera de los casos, tenemos un referente, un punto de comparación. Un camino recorrido. Cuando educamos en Internet esto no sucede. No podemos preguntarnos:

—¿A qué edad me compraron mis padres un móvil?

—¿Qué pasaba si durante la comida me dedicaba a mirar la pantalla del móvil como abducido?

—¿Me dejaban mis padres estudiar con móvil?

—¿Me acompañó mi madre a una Pokequedada alguna vez?

—¿Espiaba mi padre mis perfiles de Facebook e Instagram?

Son preguntas sin respuesta.

No hay camino, tenemos que hacerlo nosotros. Como decía Machado, «Caminante no hay camino, se hace camino al andar». De hecho, aunque el libro está enfocado fundamentalmente a la educación de los hijos, todo se nos puede aplicar también a los adultos, que muchas veces somos unos ineducados —por no decir maleducados— digitales.

Con creatividad y cariño podemos educar bien en el uso de la tecnología.

Como no hay camino, y tenemos que ir haciéndolo, vamos a equivocarnos bastante. Ese es el punto de partida. Pero bueno, no importa demasiado. La peor equivocación de un educador es la inacción, el no hacer nada. Por el contrario, comenzar una y otra vez a educar, intentarlo con honradez, es un éxito pedagógico.

Todo lo que vas a leer en estas páginas es opinable. Es fruto de mi experiencia y reflexión. Aunque llevo años yendo a colegios a hablar con adolescentes y padres sobre estos temas, reconozco que mi principal conejillo de Indias soy yo mismo. Los riesgos que abordaré me acechan a diario, y no siempre consigo resistirlos. Y respecto a los consejos que doy, hago lo que puedo por vivirlos personalmente. Muchos días los cumplo. Otros días no. En cualquier caso, me consuelo pensando que al menos procuro saber lo siguiente:

Ante el tsunami tecnológico, si queremos plantear una resistencia inteligente, un cauce de actuación sensato, esta es nuestra primera obligación: ponernos a pensar.

—qué hay que hacer y qué no.
—dónde estoy.
—a dónde quiero ir.
—y, especialmente, a dónde no quiero ir.

Me parece que esto es importante para hacer un buen uso de Internet y enseñar a hacerlo: que haya una tensión, una lucha, un esfuerzo.

A veces pienso que quien procura resistir al maremoto tecnológico —y educar a sus hijos para que lo hagan— es como el capitán Travis en *El Álamo*, un pobre hombre defendiendo a la desesperada una posición perdida. Pero otras veces me animo, y pienso que somos la resistencia: como Viriato, De Gaulle o Solzhenitsyn . Tenemos muchas cosas que defender, y vamos a hacerlo. No se trata de ser tecnófobos ni luditas reacios a cualquier avance tecnológico. Pero tampoco podemos ser ingenuos tecnófilos que abrazan de forma acrítica cualquier nuevo invento, pensando que por el hecho de ser nuevo y funcionar rápido va a hacer mejor nuestra vida, o la de nuestros hijos.

Quiero terminar este primer capítulo con la imagen de Groucho Marx gritando: «Madera, más madera, esto es la guerra» en el tren de la película *Los Hermanos Marx en el Oeste*, mientras sus hermanos y amigos destrozan con hachas el tren para alimentar la caldera. Vamos muy rápido, cada vez más. Pero la pregunta es: ¿sabemos a dónde? ¿Queremos ir allí?

Ante el tsunami tecnológico, si queremos plantear una resistencia inteligente, un cauce de actuación sensato, esta es nuestra primera obligación: ponernos a pensar. Si este libro te ayuda a hacerlo, sigue con él. Si no, piensa por tu cuenta. Todo menos dejarse llevar por la corriente, y terminar siendo un pionero naufragado.

De avestruces, mirones y valientes

«Se buscan hombres para un viaje azaroso, con bajos sueldos, mucho frío, largos meses de completa oscuridad, riesgo constante, dudoso retorno. Honor y reconocimiento en caso de éxito. Ernest Shackleton. 4 Burlington St.».

Este anuncio aparecido en un periódico fue el reclamo que el marino irlandés Ernest Shackleton utilizó para reclutar a su tripulación antes de un viaje a la Antártida. Desde luego, no se puede decir que el hombre estuviera haciendo publicidad engañosa. El viaje comenzó realmente mal, ya que al poco de llegar el barco encalló en los hielos de la Antártida, y hubo que abandonarlo, con lo que él y sus veintisiete hombres quedaron atrapados en los hielos del continente blanco. Durante más de dos años, Shackleton y sus hombres protagonizaron una de las epopeyas de superación y heroísmo más memorables del siglo XX, volviendo todos con vida de la expedición.

Bueno bien, pero… ¿qué tiene que ver Shackleton con la educación digital? Lo traigo a colación porque su anuncio bien podría ser un anuncio sobre lo que significa —muchas veces— ser padre. En efecto, y en lo que aquí nos ocupa, quien se decida a educar en Internet tiene que prepararse para una batalla difícil, larga y apasionante. Para un partido con prórroga y penaltis. Es una tarea para valientes, como todas las que realmente valen la pena.

Quien se decida a educar en Internet tiene que prepararse para una batalla difícil, larga y apasionante. Es una tarea para valientes, como todas las que realmente valen la pena.

Frente a los riesgos que los niños afrontan en Internet un padre o una madre pueden asumir tres posiciones:

1 La del avestruz: esconder la cabeza debajo de la tierra y esperar a que pase el chaparrón (o el ñu). Normalmente esta opción es la peor de un educador: mirar para otro sitio casi nunca soluciona las cosas. A veces, los chaparrones pasan; otras veces, los ñus devoran a los avestruces. (Nota

Los padres no pueden ser observers. No tienen ese privilegio. Gran parte de la mala educación de un hijo se debe a la falta de fortaleza de los padres para actuar.

del autor: no respondo al 100% de la precisión zoológica de este último pasaje, simplemente la palabra "ñu" me resulta curiosa y nunca la había escrito antes, con lo que he aprovechado para hacerlo aquí). En este grupo de padres o adultos suele encontrarse «el figura», que regala por la Primera Comunión un móvil o un iPad al niño de 8 años. O el que dice: «En casa todos tenemos *tablets* y no hay ningún problema». Es el descendiente natural de quien en los años 80 le puso una televisión a su hijo en su habitación. ¿Ningún problema? Dan ganas de sentarse a mirar con una bolsa de palomitas, pensando: «Espera, espera, que esto se va a poner divertido…».

2 Una segunda posición del educador ante los desafíos de Internet es la del espectador asombrado o atónito: observa que algo sucede, le preocupa lo que puede estar ocurriendo en Internet, pero no se considera capacitado para hacer nada al respecto. «Realmente, habría que hacer algo», piensa. O incluso: «¡Qué barbaridad!». Pero de ahí a la acción no hay un recorrido lógico.

En 2011 se hizo famoso un señor que salió en televisión asistiendo impávido a una pequeña trifulca entre los banquillos del Real Madrid y el Barcelona C. F. Fue bautizado como *The Observer*. Pues bien, los padres no pueden ser *observers*. No tienen ese privilegio. Gran parte de la mala educación de un hijo se debe a la falta de fortaleza de los padres para actuar.

Hace años un estudio bautizó como «disonancia práctica» la brecha que separa lo que los padres entienden que deberían hacer sus hijos y lo que permiten que hagan cada día. Pues bien, en esa brecha hay mucho hijo y mucha hija descalabrados, defraudados por un padre o una madre *observer*.

«¿Cómo voy a orientar a mi hijo yo, que soy una ignorante tecnológica?».

3 La tercera actitud es la del educador que asume su responsabilidad, y se decide a educar. ¿Es difícil? Probablemente. ¿Tiene seguridades? Pocas. ¿Acertará siempre? No. Pero es la única manera de educar.

Hay padres que optan por ser avestruces u *observers* porque constatan la gran diferencia que hay entre sus conocimientos digitales y los de sus hijos. Se preguntan: *«¿Cómo voy a educar a mi hijo en Internet, si yo no sé ni encontrar en la TDT el canal de televisión que quiero ver, mientras que mi hijo es un auténtico Jedi digital?».*

Y razón no les falta. Lógicamente, para educar en el uso de las nuevas tecnologías, los padres tienen la obligación de conocer un poco el mundo de Internet y de los teléfonos móviles. Un padre o una madre que fueran ermitaños digitales difícilmente podrían dar criterios a sus hijos. Pero tampoco hay que pensar que para educar se precisan unos conocimientos propios de Bill

No puedes hacerte el loco, ni el sueco, ni el ruso. Tu hijo o tu hija te necesitan hoy más que nunca, muy especialmente para que les ayudes a hacer un buen uso de la tecnología y de Internet.

Gates; basta con una mínima idea, que además uno puede aprender de los propios hijos: «Oye, ¿qué diferencia hay entre Facebook e Instagram?»; «¿Qué cuenta la gente en Twitter?»; «¿Por qué la fiebre por Snapchat?». Y de la respuesta más o menos desganada del hijo o hija uno se hace una composición de lugar.

Hay que tener en cuenta que los padres tienen una experiencia de la vida y un criterio que puede aplicarse perfectamente a las nuevas herramientas digitales, por nuevas que sean. Por lo tanto, un mínimo esfuerzo por estar al día —por saber exactamente qué es una red social, cómo funciona Twitter, o qué es un *youtuber*— resulta suficiente base para poder educar bien. Al final, la educación es una cuestión más de sensatez y prudencia que de conocimientos tecnológicos.

Por lo tanto, y como conclusión de esta sección:

—no puedes hacerte el loco, ni el sueco, ni el ruso.

—tampoco puedes lamentarte añorando otros tiempos, y consolarte haciendo terapia de grupo con otros padres: «Sí, sí, al mío también le pasa»; «qué difícil»; «no sé qué hacer».

Ambas formas son maneras de abdicar de tu responsabilidad, de dimitir de tus funciones. Y no lo olvides: en España no nos gusta dimitir. Aquí no dimite nadie. Así que tú tampoco.

Un padre no tiene el derecho de retirarse ni jubilarse. Un padre no puede —no debe— tirar la toalla. Tu hijo o tu hija te necesitan hoy más que nunca, muy especialmente para que les ayudes a hacer un buen uso de la tecnología y de Internet.

Agáchate, recoge la toalla. Saca del trastero la tabla de surf, que la ola ya está aquí. Esto no ha hecho más que empezar.

¿Y ahora qué hago?

Bueno, supongo que si has llegado hasta aquí en la lectura formas parte de las madres y padres que quieren educar y asumir un papel activo en la formación digital de sus hijos. ¿Y ahora qué?

Lo primero que debes saber es que en el uso de las nuevas tecnologías el control total no existe. Lo repito de otra forma: no puedes controlar lo que hace tu hijo. Esto puede parecer una desventaja y se podría objetar: «Si no puedo controlar, difícilmente podré ayudar y orientar». Pues a lo mejor. Pero también lo puedes mirar de otro modo: el hecho de no poder controlar, en el fondo, convierte la tarea de educar en el uso de Internet en una verdadera educación, ya que incluye una variable fundamental, que es la de la confianza.

Tu hijo o hija deben hacer un buen uso de la tecnología porque libremente quieren, y no porque sientan tus ojos o tu aliento en su nuca. Se fían de tus consejos, confían en ti. Por eso te hacen caso, y finalmente experimentan en primera persona que lo que les enseñas es lo mejor para ellos. Y entonces ya no hace falta que les convenzas ni les orientes: lo han experimentado por ellos mismos.

Si en la educación el control puede ser necesario en un primer momento, los elementos fundamentales a más largo plazo son la sinceridad y la confianza, que renuncian al control y dejan libertad. A la hora de educar en Internet, este es el único camino.

El educador obsesionado por el control no educa, dirige. Todos conocemos chicos y chicas muy bien educados —léase *controlados*— que cuando escapan del radar paterno se convierten en unos verdaderos energúmenos, borrachines itinerantes, fiesteros trashumantes… «¡Qué raro, con lo bien educado que estaba!»… Error. Lo que estaba era controlado.

El hecho de no poder controlar, en el fondo, convierte la educación en Internet en una verdadera educación, ya que incluye una variable fundamental: la confianza.

El control total ni existe ni es deseable. Los hijos no son robots.

Cuando uno educa, el chico educado termina entendiendo y eligiendo las pautas de conducta aprendidas, de forma que también las sigue cuando no hay un control. Por eso, que en Internet no podamos controlar a nuestros hijos, aunque nos dé un poco de vértigo, es una buena noticia.

Lo podemos comparar con enseñar a montar en bicicleta; al final, el chico tiene que dar pedales él solo, caerse, y aprender de sus errores. No recuerdo dónde leí la siguiente frase, que tiene mucho que ver con lo que venimos hablando: «Papá, mamá, no os pido que luchéis mis batallas, sino que me deis las armas para que pueda ganarlas yo». De esto de trata, de proporcionar las herramientas necesarias. Quien confía, da las herramientas y acompaña al hijo, dejando que sea él quien domine la tecnología. Por el contrario, quien controla sustituye al hijo, sin dejarle libertad.

«Entonces, ¿qué hay que hacer? ¿Nada? ¿Dar unos pocos consejos, y mirar cómo nuestro hijo coge la bicicleta —se conecta a Internet— y aprende a base de golpes?». Por supuesto que hay que hacer algo. Por el momento, para este capítulo introductorio nos limitaremos a dar una única pauta: pon reglas. Y hazlas cumplir.

Da igual qué reglas sean y si son laxas o estrictas, o más o menos racionales (hombre, cuanto más racionales, mejor). Pero tú pon reglas.

Tras muchas conversaciones con padres y educadores, creo que existen muy pocas reglas fijas. Por ello, no busques en las páginas de este libro respuestas a las siguientes preguntas:

—¿A qué edad compro un móvil a mi hijo?
—¿Debo saber las contraseñas de sus redes sociales?
—¿Puedo castigarle sin móvil?
—¿Se puede saber, por cierto, que es una Pokequedada?
—¿Cuánto tiempo es bueno que dediquen a navegar cada día?

Pon reglas. Y hazlas cumplir. Un niño sin reglas termina siendo un mimado y un maleducado. Si no hay reglas respecto del uso de las tecnologías en casa, a largo plazo estamos haciendo un flaco favor a nuestros hijos.

Cada familia, cada educador, tiene que poner sus reglas, que tendrán que ser acordes con su estilo y su forma de educar.

Hay personas o familias más exigentes, más intervencionistas, que prefieren poner bastantes reglas. Bien. Otras son más permisivas, más liberales, y prefieren poner menos. Bien. Háblalo con tu marido o con tu mujer, con tu pareja, buscad vuestro estilo, e implantadlo en casa.

Es importante que no pretendas imponer un estilo que no sea el tuyo: cada uno debe educar conforme a su forma de ser, siguiendo su estilo personal. Ten en cuenta que el número de reglas no marca si eres mejor o peor educador. Eso sí, hay que evitar dos extremos: la dictadura y la anarquía. La dictadura no vas a poder implantarla, ya que tus hijos conocen mucho mejor que tú cómo funciona Internet, y te van a puentear. Y la anarquía, la ausencia de normas, es un desastre educativo: un niño sin reglas termina siendo un niño mimado y un maleducado. Si no hay reglas respecto del uso de las tecnologías en casa, a largo plazo estamos haciendo un flaco favor a nuestros hijos. El resultado será un tonto tecnológico. Y cada vez hay más, es algo innegable.

Pon normas, por lo tanto. Y hazlas cumplir. Tienes que saber —ya lo sabes— que los hijos van a buscar todo tipo de formas de chantaje y extorsión para que cambies la norma, no la apliques, la derogues... Y ahí tienes que ser fuerte y mantener la posición. Se puede hacer una excepción una vez, dos veces. Pero si la excepción se convierte en regla, la regla se convierte en un desiderátum sin fuerza práctica. Y nos deslizamos hacia la anarquía.

Entre los chantajes más típicos a los que tendremos que hacer frente está la famosa frase: «Pero es que en clase todos lo hacen, a todos les dejan». No te dejes engañar. Como sabes, casi siempre esa frase es sencillamente falsa. Pero es que, además, es irrelevante: muchas veces da igual lo que hagan los demás. Al argumento del plebiscito –«todos lo hacen menos yo»— siempre puede oponerse la respuesta clásica: «Y si todos se tiran por la ventana, ¿tú también te tiras?». Si bien cuando era niño esta analogía nunca terminó de parecerme lógica —mis compañeros de clase no solían saltar por las ventanas de forma masiva y gregaria—, lo cierto es que con ella mis padres dieron por terminadas muchas discusiones. Junto con este dudoso argumento del salto al vacío universal, personalmente me encanta otra respuesta al chantaje del «todos lo hacen»: «Bueno, quizá los demás lo hagan, pero los Pérez eso no lo hacemos». Gran argumento pedagógico, de mucho más calado antropológico que la fraseología de muchos libros de pedagogía moderna. «Los Pérez esto no lo hacemos». Sencillamente genial.

Por otro lado, un problema serio de poner una regla es que nosotros también hemos de cumplirla. No tendría mucho sentido prohibir el móvil en la mesa, y ser nosotros los primeros que —como príncipes despóticos— nos saltásemos esa prohibición. Como suele decirse, el mejor predicador es fray Ejemplo... Advertencia: a la hora de poner reglas, ten en cuenta que tú has de ser el primero en cumplirlas. Y no porque te vean, ojo, pero sabiendo que te ven.

Terminamos este primer capítulo introductorio resumiendo las cuatro cosas que hemos subrayado:

Detrás de cada dificultad que un chico o una chica afrontan en Internet, se esconde una oportunidad de crecer, de madurar, de resistir.

¿Educo o me quejo? ¿Actúo o lloriqueo?

1 Educar en el uso de la tecnología es difícil, ya que nadie tiene mucha experiencia.
2 Tenemos que asumir esa responsabilidad, como valientes, sin ser avestruces distraídos ni *observers* llorones.
3 No podemos controlar: es preciso aconsejar y confiar.
4 Hay que poner reglas, y hacerlas cumplir.

A partir de ahora, repasaremos los riesgos más importantes que cualquier persona —y especialmente un menor— afronta en Internet. Me gustaría plantear cada riesgo como un desafío, como una oportunidad; no quiero que tras la lectura de las siguientes páginas, el lector acabe pensando: «Pues cómo está el panorama». Tampoco pretendo que tires tu móvil a la basura, ni que rompas la pantalla de tu ordenador. Nada más lejos de mi intención que resultar un pájaro de mal agüero digital o un profeta de desgracias cibernéticas.

Detrás de cada dificultad que un chico o una chica afrontan en Internet, se esconde una oportunidad de crecer, de madurar, de resistir… Cada obstáculo puede dar con ellos en el suelo, pero también puede hacer crecer su fuerza y su ingenio, hasta que sean capaces de superarlo y seguir adelante.

Cada ola del tsunami digital puede ahogarnos, qué duda cabe. Pero también puede elevarnos de forma prodigiosa.

Vídeos recomendados

«Educar es comunicar… con humor»

Ponencia de Carles Capdevila en la Jornada «Gestionando hijos», celebrada en Barcelona en 2015. Aunque el vídeo puede parecer de entrada largo, se pasa volando, por el sentido común y el sentido del humor del conferenciante. Merece la pena verlo: ayuda a afrontar la tarea de educar a un hijo o una hija con humor y deportividad.

«Campaña Internet en familia»

Campaña argentina que subraya la importancia de guiar —y no controlar— en el uso de Internet.
El acento argentino le da un plus, sin duda alguna.

«La locura de ser padres»

Spot motivador sobre lo arriesgado que es ser padre, producido por la marca de potitos y mermelada Hero.
El vídeo es un homenaje a los valientes que se arriesgan a tener un hijo a pesar de las dificultades.
Si eres sensible, antes de ver el vídeo coge un clínex.

«Groucho, más madera»

Mítica escena de la película *Los Hermanos Marx en el Oeste*, en la que los geniales hermanos queman el tren en el que viajan para alimentar la caldera, al grito de «Madera, más madera, esto es la guerra». La escena puede servirnos para reflexionar sobre la necesidad de pararnos de vez en cuando y pensar si, además de ir rápido, sabemos a dónde vamos, y si queremos ir allí.

Caperucita y Ulises ya lo sabían

1

Frente a las distracciones

Concentración

Los cuentos para niños son una buena fuente de enseñanzas, muchas veces más profundas de lo que parecen. Reconozco que no sigo en la brecha de la ficción infantil, con lo que ignoro si Bob Esponja, Dora la Exploradora y Picachu tienen cosas importantes que enseñarnos. Así que vamos a ceñirnos a los clásicos.

Tirando de imaginario colectivo quiero empezar el capítulo rindiendo un caluroso tributo a Caperucita. ¿Por qué el lobo se le adelanta y llega antes a casa de la abuela? Sin ánimo de desvelar el final del cuento, podemos revelar que su problema fue que se distrajo por el camino. Que en lugar de ir directa a casa de la abuela, en vez de cumplir con diligencia su misión, se entretuvo con los encantos del paisaje, llegando casi a olvidar a la abuela y su cesta de comida. No resulta difícil imaginarse hoy a Caperucita atravesando la ciudad, rumbo a casa de la abuela, absorta, mirando la pantalla de su móvil sin cruzar un semáforo que ya está en verde para los peatones. Y que además es de los que suenan.

En Internet hay tantas cosas atractivas y maravillosas, tantos reclamos, que resulta muy fácil distraerse, perder el tiempo, y alejarnos lenta pero inevitablemente de nuestros objetivos.

Algo parecido les sucedió a los marineros que acompañaban a Ulises, cuando atracaron en la isla de los lotófagos. Llegar a la isla y comenzar a alimentarse con lotos fue todo uno. Lo que no sabían los marineros era que los lotos, además de estar buenísimos, tenían como efecto secundario la pérdida de memoria. Por eso, a los pocos días de llegar a la isla casi todos los marineros habían olvidado quiénes eran, por qué estaban allí, y hacia dónde se dirigían. Finalmente, Ulises consigue salir de la funesta isla y retomar el camino de vuelta a Ítaca, no sin dejar atrás a varios de sus compañeros, convertidos irremediablemente en voraces lotófagos, sin memoria, proyecto ni identidad.

El riesgo de distracción permanente, de pérdida de tiempo total, de minado sistemático de la capacidad de concentración, es un riesgo que afecta a todos, todos los días, a todas horas.

Pues bien, Internet es la isla de los lotófagos. Internet es el paisaje, el engaño del lobo en el cuento de Caperucita. En Internet hay tantas cosas atractivas y maravillosas, tantos reclamos, que resulta muy fácil distraerse, perder el tiempo, y alejarnos lenta pero inevitablemente de nuestros objetivos. En la Red todo es inmediato, divertido, fácil. Todo está a un clic. Sin embargo, si lo pensamos bien, lo que nos ofrece muchas veces brilla mucho, pero a la larga es bastante menos interesante que nuestros proyectos personales. Hace décadas, los caballos y burros de tiro llevaban unas orejeras para que no miraran a los lados y se concentraran en su camino. Quizá no estaría mal entrenarnos —niños y mayores— para avanzar por Internet como esos animales, sin mirar a los lados y distraernos con todo tipo de atracciones que reclaman constantemente nuestra atención y nos distancian de nuestros objetivos.

Cuando muchos padres piensan en los riesgos asociados a las tecnologías digitales, en seguida imaginan maníacos degenerados infiltrándose en los perfiles de Instagram de sus hijas, compañeros desalmados haciendo *bullying* a sus hijos, o grupos de Facebook donde sus inocentes retoños pueden aprender cómo perder 20 kilos en una semana o liarse un canuto de marihuana. Sin negar que esos riesgos existen, y son graves, su incidencia es realmente pequeña. Ahora bien: el riesgo de distracción permanente, de pérdida de tiempo total, de minado sistemático de la capacidad de concentración, es un riesgo que afecta a todos, todos los días, a todas horas. La permanente conexión y la disponibilidad de contenidos tan atractivos y variados hace muy difícil concentrarse, estar atento a lo que uno hace. Y quien es incapaz de concentrarse, nunca podrá trabajar seriamente en nada.

«No está en ningún lugar quien está en todas partes», escribió hace casi dos mil años Séneca. Y tiene toda la razón. ¿Cómo va a estudiar bien un niño si, a través de su móvil, puede estar al mismo tiempo hablando con varios amigos, viendo vídeos de fútbol, y leyendo chistes en Twitter? Es sencillamente imposible. Algo parecido nos pasa a los mayores, que podemos estar en nuestra oficina haciendo como que trabajamos, mientras miramos viajes al Caribe con Ryanair, criticamos al seleccionador nacional en un grupo de Facebook, o votamos en una encuesta de un periódico digital. No te rías. Tú también pierdes mucho el tiempo en la oficina con Internet… y lo sabes.

Ya lo decía el bueno de Séneca: «Quien está en todas partes, no está en ningún sitio».

El tema es que no solo nos distraemos con cosas que nosotros buscamos; es que las distracciones vienen solas. Sin yo quererlo, me llegan mensajes de texto; me vibra el teléfono; una luz parpadea en la pantalla reclamando mi atención; se abren notificaciones de email en la parte inferior del escritorio de mi ordenador... Cada texto que leo en Internet —el dichoso hipertexto— está trufado de enlaces, cada uno de los cuales es una invitación a cambiar de ocupación, a abandonar esa página para ir a otra quizá más interesante, que cambiaremos al momento en busca de una tercera más prometedora. Y así hasta el infinito y más allá, que diría... ¿quién era el que lo decía?

Hay que reconocerlo: concentrarse mientras uno trabaja se convierte en una tarea para valientes. Verdaderamente, las nuevas tecnologías bien podrían llamarse nuevas tecnologías de la interrupción.

Si este riesgo nos acecha a los adultos, en la época adolescente es especialmente pernicioso, porque a esa edad los chicos y las chicas están aprendiendo a estudiar y a trabajar. La mayoría de los adolescentes lo primero que hace al sentarse a estudiar es enviar un *selfie* a sus amigos, con el mensaje: «Allá voy, deseadme suerte». Como es lógico, no han pasado ni diez minutos cuando el número de respuestas supera la docena. Cada respuesta es una vibración del móvil, una pequeña distracción, una contestación rápida. ¿Realmente se puede estudiar así?

¿Cuántas veces un menor, haciendo los deberes, entra en Internet a buscar una información, y sale media hora después sin haberla, no ya encontrado, sino ni siquiera comenzado a buscar? Abrir Internet es sinónimo de entrar en Instagram; de ahí se va a leer una noticia deportiva; de ahí, a un vídeo de risa. Tras un rato deambulando por la web, el chico o la chica vuelve a sus deberes, y se da cuenta —sin una pizca de frustración— de que ha olvidado para qué había entrado en Internet y qué información se supone que debía buscar.

Internet, el móvil, las *tablets*, etc., son máquinas de generar distracción. Nuestras distracciones mantienen el sistema en marcha y generan beneficios a las industrias del entretenimiento. Es muy difícil resistir a las insinuaciones de Internet: grandes industrias *online* ganan dinero con nuestros clics y ponen todo su ingenio y su creatividad para ofrecernos contenidos atractivos que nos enganchen. Con las técnicas de *microtargeting* personalizan sus anuncios para adaptarlos a nuestras preferencias personales.

Es como si al entrar en unos grandes almacenes toda la planta baja estuviera llena de nuestros productos favoritos, preparada para invitarnos a comprar. ¿Seríamos capaces de resistir?

Cierra los ojos e imagina un mundo en que niños y adolescentes tuvieran siempre acceso a chucherías, dulces, gofres y comida rápida. Sería una auténtica distopía, un mundo de niños obesos. Pues bien, eso es lo que está pasando con Internet. Vivimos rodeados de obesos digitales —niños y no tan niños— que no tienen capacidad de controlar y digerir todos los *inputs* que reciben. La película de Pixar *Wall-E* refleja de maravilla esta humanidad embotada de contenido audiovisual, autosatisfecha en su molicie, incapaz de reaccionar. No nos engañemos. Somos nosotros.

Una vez que hemos acostumbrado a nuestro cerebro a vivir en la distracción, el cerebro –cual niño mimado– nos exige esas distracciones.

Además, cuando hablamos de distracciones tenemos que tener en cuenta la cuestión de los hábitos, de la inercia. Una vez que le hemos acostumbrado a vivir en la distracción, nuestro cerebro —cual niño mimado— nos exigirá más evasiones de ese tipo. Por eso, cada vez nos resulta más difícil concentrarnos en una lectura, en una ocupación, en una tarea, e inconscientemente buscamos escapatorias que nos permitan respirar: revisamos el correo una y

Quien consume todos los productos audiovisuales que Internet le ofrece no puede digerirlos. La obesidad digital está al acecho.

otra vez; consultamos el móvil compulsivamente para ver si tenemos algún mensaje; leemos un diario en Internet, porque llevamos ya más de veinte minutos trabajando en el mismo asunto, y necesitamos un poco de oxígeno... Poco a poco, nuestra capacidad de atención disminuye hasta límites ridículos, e incluso dramáticos.

Sin ser un abuelo —llevo seis años dando clase en una universidad—, he podido comprobar cómo cada curso mis alumnos tienen menos capacidad de concentración. Muchos no son capaces de prestar atención a mis explicaciones más de cinco minutos. No es que no quieran; es, sencillamente, que no pueden. Pero no es solo a ese nivel. Hace dos años participé en una Comisión de expertos en el Congreso de los Diputados. Pues bien, durante mi intervención la mayoría de sus señorías no pararon de consultar sus teléfonos móviles y sus *tablets*, supongo que ocupados en dirimir los destinos de nuestra nación (de todas formas, a juzgar por la deriva política y social

Si educamos a los menores en la habilidad de hacer las cosas con atención, de trabajar con intensidad, mejoraremos mucho su rendimiento en las más diversas áreas, y contribuiremos a su felicidad.

de estos últimos años, parece que a pesar de su tesón no encontraron muchas soluciones...). Mi conclusión fue que también ellos eran incapaces de prestar atención continuada a nada que no fueran las pantallas de sus dispositivos móviles.

Este es el panorama. ¿El desafío? Educar en la capacidad de atención, en la intensidad. Una persona que es capaz de concentrarse, de aunar sus fuerzas y dedicarse a una tarea al cien por cien, la completa mucho mejor. Y, junto con ello, disfruta más haciéndola y se realiza más. Por el contrario, quien hace algo distraído, normalmente lo hace peor, y suele quedarse con una suerte de desazón o insatisfacción. La chapuza, casi siempre, es hija de las prisas y de la falta de concentración.

Preguntado en una ocasión sobre cómo fue capaz de ganar tantas veces a Roger Federer, considerado por muchos el mejor tenista de la historia, Rafa Nadal contestó: «El tenis no son solo golpes: está también la intensidad. El estilo de Federer, golpe por golpe, es superior al mío. Le ha ido mejor que a mí. Y yo tengo que suplir esa desventaja con intensidad».

Si educamos a los menores en la habilidad de hacer las cosas con atención, de trabajar con intensidad, mejoraremos mucho su rendimiento en las más diversas áreas, y contribuiremos a su felicidad.

Además, hay que recordar que la necesidad de concentración no es algo que a los chicos les resulte extraño. Es más, en aquellas cosas que les interesan se la toman muy en serio, y no admiten distracciones. ¿Cuántas veces hemos oído a un niño decir: «Mamá, no me distraigas, que estoy jugando a la videoconsola?».

Fíjate a ver si algún adolescente que practique un deporte en serio se distrae con el teléfono mientras juega un partido:

—¿Por qué no saca ya el córner?

—Creo que le ha llegado un wasap.

O bien, durante un partido de tenis:

—15-40. Punto de set.

—Espera un segundo, que me hago un *selfie*.

Inimaginable, ¿no? Pues bien, lo que no concebimos en un contexto de diversión o deporte, lo admitimos mientras trabajamos, lo que resulta bastante absurdo. El reto como educadores es enseñar a los niños que las distracciones son un timo, un boicot a sus proyectos y a sus capacidades. Son, como se dice coloquialmente, pan para hoy y hambre para mañana.

No se trata de proponer una intensidad estoica, una concentración opresiva propia de un internado victoriano del siglo XIX. Se trata de enseñar que, quien hace algo prestando atención a lo que hace, lo hace mejor y lo disfruta más. Lo saborea. Y que cuando vale la pena hacer algo, vale la pena hacerlo bien, poniendo en ello toda nuestra atención —ya sea dar un beso a nuestra madre, hablar con un amigo, estudiar una hora, o ver una película—. Quien divide su atención, se pierde gran parte del *duende* de hacer las cosas. Y quien las hace al 100%, o mejor, al 120%, las saborea a fondo, las exprime. Vive más y vive mejor.

Se trata de enseñar que quien hace algo prestando atención a lo que hace, lo hace mejor y lo disfruta más. Lo saborea.

10 ideas para surfear la ola de las distracciones

1 Durante ciertas tareas es importante no mirar el móvil ni Internet. Desde luego, en la medida de lo posible, cuando se estudia o se trabaja. Pero también al jugar a un juego de mesa, durante las comidas, en la iglesia o leyendo un libro.

2 Reduce al máximo el número de grupos de Whatsapp en los que estás. Muchas veces es preferible comunicarse a través de notificaciones, que permiten mandar el mismo mensaje a varias personas sin necesidad de crear grupos. Los grupos son como las sectas: es muy fácil entrar y casi imposible salir.

3 Intenta desactivar todas las notificaciones que puedas: ruidos, vibraciones, luces que parpadean, ventanas emergentes... Son siempre una fuente de distracción. Decide tú cuándo vas a consultar los mensajes. No dejes que te interrumpan cuando lleguen, como si lo que estuvieras haciendo fuera menos importante.

4 No caigas en el error de llevar el *mail* en el móvil. Ya lo mirarás cuando tengas que hacerlo.

5 Lee. Un libro no tiene publicidad, ni hipervínculos, ni llegan notificaciones. Es un gran maestro de la concentración. (Este libro tiene enlaces a vídeos. La vida está llena de paradojas).

6 No tengas miedo de reconocer delante de ti mismo, o en casa, las miserables pérdidas de tiempo que a veces protagonizas en Internet. Frases como: «¿Por qué llevaré media hora viendo estos vídeos estúpidos?» o: «Ya está bien de marear la perdiz. Voy a ponerme a hacer algo productivo», son una forma interesante de terapia de grupo, y nos permiten reírnos de nosotros mismos. Reconocer delante de los hijos que esto nos sucede es también una buena forma de educar.

7. Imponte castigos digitales: «Hoy he perdido mucho el tiempo con el periódico deportivo. Mañana no lo consultaré». Y, en la medida de lo posible, intenta cumplirlo.

8. Cuando escuches una canción, escúchala hasta el final. La tendencia por dejarla a mitad para comenzar otra resulta obsesiva. Antes con las cintas en los coches esto no pasaba. Y, curioso, canciones que inicialmente no nos gustaban, y oíamos casi por obligación, llegaron a gustarnos más que los grandes *hits*. A mí me pasó con *Los Secretos*.

9. Quítate de vez en cuando los cascos. Aprovecha ciertos trayectos en metro o en coche para estar en silencio. No tengas miedo al silencio y a aquello que te quiera decir. Muchas veces las ideas geniales se nos ocurren cuando estamos en silencio o con la mente en blanco.

10. Enseña a planificar las tareas acotando tiempos: «Voy a descansar 20 minutos viendo algunos vídeos»; «estos deberes que necesitan el ordenador voy a terminarlos en una hora»… Así evitarás muchas distracciones y ganarás tiempo para dedicarlo a otras cosas.

Vídeo recomendado

1 + 1 = 0 Problemas

El vídeo critica cómo a veces por estar tan pendientes de los dispositivos móviles no disfrutamos de las relaciones personales con quienes nos rodean.

«Aburrirme... ¿yo?»

2

Frente al aburrimiento

Aficiones

No me vais a creer, pero es cierto: lo malo de las nuevas tecnologías es que nos convierten en personas aburridas. Lo admito, esta afirmación resulta chocante, porque Internet está lleno de contenidos interesantes y divertidos. Uno puede pasar horas conectado, viendo todo tipo de vídeos que le gustan, enviando mensajes, leyendo cosas curiosas, frikis, sorprendentes... ¿Por qué digo entonces que Internet nos convierte en gente aburrida?

Piensa por un momento en el tipo de diversión que ofrece Internet: vídeos, *tuits*, chistes, memes... Son impactos fuertes, intensos y puntuales: los vídeos de Youtube más vistos duran entre uno y dos minutos; los *tuits* tienen 140 caracteres; los párrafos de los diarios se componen de cuatro o cinco líneas a lo sumo; los mensajes que se envían por Whatsapp también suelen ser breves. Este contexto nos va acostumbrando, casi sin darnos cuenta, a un tipo de diversión muy concreta: rápida, explosiva, pasiva, fugaz.

Además, en Internet todo está a un clic. No hay que trabajarse la diversión. No hay que esperar para disfrutar del resultado. No hace falta poner en marcha la imaginación. Aburrimiento, conexión, clic, diversión, final. Distracción, conexión, clic, diversión. Todo en dos o tres minutos, como mucho.

Cuando nos acostumbramos a estas diversiones, es fácil que otras aficiones que requieren un mínimo de tiempo o esfuerzo nos resulten tediosas o aburridas. Por ejemplo, jugar a un juego de mesa, o tocar un instrumento musical: «Menudo rollo. Enciende la tele y vamos a ver unos vídeos de risa».

¿Perdemos mucho si no jugamos a juegos de mesa? Hombre, no hay que dramatizar. O sí. Las aficiones o diversiones que requieren un poco de esfuerzo suelen educar más y ser más constructivas. Uno aprende que las cosas llevan su tiempo; que hay que colaborar con el otro; que a veces los resultados no son inmediatos; que hay que aprender a perder; y que las cosas tienen matices. Por ejemplo, y ya que hablamos de matices, no es lo mismo comprar las calles naranjas del Monopoly que las rojas; las naranjas funcionan bien, pero las rojas son garantía de éxito. Hay que reivindicar aficiones que requieran tiempo y contacto con lo real.

¿A qué tipo de aficiones me refiero?

- Juegos de mesa: cartas, parchís, Stratego, Monopoly, Scattergories, Cluedo, Risk y un largo etcétera.
- Tocar un instrumento musical.
- Salir al monte.
- Ir a coger setas.
- Baile de salón.
- Geocaching.
- Maquetas.
- Hacer belenes (tengo un par de amigos que son unos verdaderos apasionados).
- Coleccionar algo.
- Hacer puzles.
- Cocinar.
- Recoger la cocina ;-)
- Leer.
- Pintar.
- Arreglar motores.
- Pescar.
- Montar a caballo.
- Hacer magia.

Hace unos años daba una charla sobre estos temas a un grupo de adolescentes, y cuando dije lo de «ir a coger setas» la gente se rio mucho. Sospecho que pensaron que hablaba de broma… Pero lo decía en serio. Otro de los momentos divertidos es cuando menciono la opción de hacer maquetas: la gente me mira como si fuera un marciano.

Todas las aficiones que he mencionado requieren esfuerzo, hay que saber un poco, no reportan un beneficio inmediato, pueden salir mal —incluso resultar un fracaso—. Pero tienen unos matices y proporcionan unas satisfacciones que nunca obtendremos jugando a un videojuego o vagando por Internet. Además, nos acercan a los demás, a la naturaleza, a las cosas. Sirven para convivir.

Las aficiones off-line nos enseñan algo que pocas veces aprenderemos en Internet: el que algo quiere, algo le cuesta.

Mientras escribo esto, pienso en Pau, y cómo le brillan los ojos cuando me habla de la pesca; en Manel y en cómo le cambiaba el día tocar un rato el saxofón —a nosotros también nos lo cambiaba, ya que era imposible huir del ruido—; en Juan Mari y Fuensi, en cómo disfrutan de sus clases de baile y luego ensayan en la cocina; en Juanra, y en cómo planea cada salida al monte, que empieza a saborear ya el lunes anterior; en el ritual de Jesús «el Faisán» cuando prepara una paella para los amigos; en las partidas de mus con Luz, José, Adriana…

Ojo, no seamos ingenuos: cada una de estas aficiones tiene sus pegas. Uno va un día a pescar y no pesca nada, ya que el agua del mar está turbia; o ese día está gafado con el saxofón, o un vecino llama enfadado y ya no puede tocar; o el profesor de baile se propasa un poco bailando bachata con tu novia, y ella se ríe; o sale el día nublado o lluvioso y hay que posponer la excursión; o la paella se te quema y hay que llamar a Telepizza… Hay que ser realistas. Estos hobbies pueden salir mal. Pero al mismo tiempo, las satisfacciones que dan no las produce nunca un rato de conexión a Internet.

Además, estas aficiones mantienen unas tradiciones: uno aprende secretos de caza del abuelo, puede jugar al mus con su padre, regala a su hijo la cesta de coger setas o le enseña cómo prepararlas, con ajos tiernos y tacos de jamón serrano… Hay un camino, un progreso, que nos lleva lentamente del estatus de profano al de maestro consumado.

Junto con ello, estas aficiones *off-line* nos enseñan algo que nunca aprenderemos en Internet: el que algo quiere, algo le cuesta. Al principio uno es un negado, un pardillo, un inútil. Uno no distingue un robellón de un cardo. Para aprender hay que ser humilde, mostrar interés y seguir insistiendo. Y poco a poco, se van ganando habilidades. Se aprende de esta forma una verdad crucial en una buena educación: a retrasar la gratificación.

En los años 60, el profesor de Stanford Walter Mischel realizó el siguiente experimento con niños de 4 años: se les dejaba solos en el aula, con una chuchería encima de cada mesa. Si eran capaces de esperar veinte minutos a que regresara el experimentador sin haber tocado la golosina, recibirían otra más. Al cabo de los años, Mischel fue capaz de demostrar que aquellos niños que habían sido capaces de esperar sin comerse la primera gominola —capaces de retrasar la gratificación— habían desarrollado unas competencias emocionales y sociales mucho más positivas que los que no fueron capaces de hacerlo. Aquellos que no reprimieron el primer impulso y se comieron la golosina, por el contrario, a largo plazo mostraron una mayor irresponsabilidad, así como una menor resistencia ante la frustración y el fracaso.

Es importante enseñar a los menores que las mejores cosas de la vida requieren tiempo, esfuerzo, paciencia y una no pequeña dosis de resiliencia ante la dificultad. Y cuando uno ha luchado contra eso, cuando uno ha recorrido el camino que lleva de ser un perfecto inútil a ser un experto consumado, la capacidad de diversión y de disfrutar se multiplica. Por el contrario, las aficiones en Internet tienen casi el efecto contrario: cada vez se disfrutan menos, y se requieren mayores dosis de videojuegos, televisión, o chat para obtener satisfacciones similares. Basta comparar la cara de un chico tras una excursión a la montaña, un partido de fútbol o un rato tocando la guitarra, con la expresión de quien lleva dos horas tecleando en la pantalla de su móvil.

Es importante enseñar a los menores que las mejores cosas de la vida requieren tiempo, esfuerzo, paciencia y una no pequeña dosis de resiliencia ante la dificultad. Y las aficiones en Internet tienen casi el efecto contrario.

«Cariño, ¿qué tal te lo has pasado en el cumpleaños?».
«Mamá, ha sido sencillamente genial. Inolvidable».

Los hobbies que aquí hemos propuesto como ejemplo demuestran además que una buena afición es una oportunidad de reunirse con gente, disfrutar juntos y llevar una vida activa. Por el contrario, quien solo sabe divertirse delante de una pantalla, fácilmente caerá en el aislamiento y en un estilo de vida excesivamente sedentario. Como los niños de la película *Wall-E* a los que hacíamos referencia en el capítulo anterior.

Una buena analogía entre las aficiones digitales y las aficiones *off-line* es la de equiparar estas últimas con un buen solomillo con vino tinto, y las primeras con una hamburguesa de McDonald's con Coca-Cola. Como es lógico, los niños suelen preferir la hamburguesa y la Coca-Cola, la diversión en Internet. Y no es malo que así sea. Pero como educadores, es necesario que les vayamos acostumbrando el gusto, para que aprendan a disfrutar del vino y la gastronomía fina. Porque es mucho más rica y más sana, y les reportará mejores momentos. Además, si conseguimos educarles bien el gusto, serán capaces de elaborar sus propias recetas, sus «hamburguesas gourmet», en una suculenta mezcla de tradición e innovación, de cultura y tecnología.

Junto con la inicial resistencia del hijo o hija a probar nuevas aficiones —lo más cómodo suele ser apretar botones del mando a distancia desde el sofá—, también tenemos que combatir una resistencia dentro de nosotros. Enseñar a un hijo una afición, casi siempre, requiere practicarla con él, dedicarle tiempo, implicarse. Y muchas veces los padres llegamos a casa cansados, y no tenemos tiempo, fuerza, ni ganas. De modo que, como leí en un artículo de prensa, cuando el hijo o la hija se ponen pesados y reclaman nuestra atención, pensamos: «Apaga al niño, enciende el iPad». Es lógico que esta sea la primera reacción, seamos comprensivos. En la sociedad actual las presiones en el ámbito profesional son fuertes, y realmente es heroico llegar a casa o al sábado —muchas veces con la lengua fuera—, y ponernos a jugar con nuestros hijos, o hacer algún plan con ellos.

Hay que ser heroicos. Merece la pena. La comodidad nunca ha sido el camino del éxito. Y recuerda lo que decíamos en la Introducción: somos pioneros, conquistadores. Hay que sudar la camiseta. Y, cuando lo hacemos, sentimos en seguida que cada rato dedicado a compartir una afición con un hijo es uno de los mejores ratos de nuestra vida, de los que recordaremos y echaremos de menos muchos años después. Nosotros y ellos. Nadie sonríe recordando cómo veía la televisión con su padre o cómo batió todos los récords del *Super Mario Land* estando solo en su habitación…

Si conseguimos despertar en nuestros hijos aficiones e intereses, serán personas interesantes y no bobos aburridos que solo saben mirar una pantalla. Pero no demonicemos el ocio digital; de vez en cuando viene bien. Sin embargo, hay que aspirar a otras formas más enriquecedoras que nos hagan disfrutar de cosas geniales de la vida, que nunca podrán experimentarse con un ocio fácil, instantáneo y fundamentalmente pasivo. Vamos a por ello. Coge la cesta. Salimos a buscar setas…

Cada rato dedicado a compartir una afición con un hijo es uno de los mejores ratos de nuestra vida, de los que recordaremos y echaremos de menos muchos años después. Nosotros y ellos.

9 ideas para surfear la ola del aburrimiento

1 Después de comer o de cenar, propón en casa algún día jugar todos juntos a un juego de mesa.

2 Busca aficiones *off-line* para los niños desde pequeños, y procura disfrutarlas con ellos: deportes, música, ajedrez... Cualquier cosa sirve. (Ojo: no hay que volverse tampoco locos con todo tipo de actividades extraescolares que amarguen la vida a los niños).

3 No estaría mal que alguna afición tuviera un componente cultural más allá del deporte: ajedrez, lectura, pintura, música. A largo plazo, estas aficiones dan mucha satisfacción. Y además sirven para hacer disfrutar a otras personas.

4 Comparte también las aficiones digitales con tus hijos: juega con ellos a la videoconsola —sobre todo cuando el juego es nuevo y todavía no son unos *megaexpertos* que te machacarán—, comparte con ellos algún vídeo divertido, etc. En la medida de lo posible, hazte presente también en ese entorno y pásalo bien con ellos.

5 Inventa algún juego creativo utilizando las nuevas tecnologías: a ver quién descubre la *app* más extraña, quién se inventa el mejor *meme* para felicitar el cumpleaños al abuelo, quién hace la mejor foto casera con el móvil... Cantad juntos una canción por partes a través de notas de voz... Se trata de buscar cosas divertidas y creativas que no vayan contra la tecnología, sino que la utilicen de forma original.

6 Durante las vacaciones, o después de un plan familiar, puedes intentar escribir con ellos «el tuit del día».

7 Sal al campo o a montar en bici con tus hijos, con tu marido, con tu mujer, con tus amigos. Montaña, mar, playa. El geocaching puede ser una opción. No tengas miedo a hacer planes un poco frikis. Por muy urbanita que uno sea, salir al campo de vez en cuando es realmente liberador.

8 Otra buena opción son las recetas de cocina fáciles, que se pueden preparar con los niños: tartas de chocolate y galletas, un bizcocho...

9 Vuélvete loco en Decathlon y compra bicicletas para todos. Las hay bastante baratas. Una vez en el garaje, no te quedará más remedio que salir de vez en cuando con tus hijos, al menos para demostrarte a ti mismo que el gasto estuvo justificado.

Vídeo recomendado

«Los humanos en Wall-E. Futuro del ser humano»

Escena de la película *Wall-E*, de Disney, donde se representa a los niños humanos como obesos inútiles que solo saben mirar una pantalla. Aunque la escena no deja de ser una exageración, es divertido verla, y caer en la cuenta de que, como toda buena sátira, refleja algo de verdad...

Ya lo sabe Siri: subcontratación de la cultura y memorias en barbecho

3

Frente a la pasividad

Esfuerzo

Uno de los diálogos de Platón recoge un debate que hoy en día nos puede resultar curioso o absurdo, pero que no lo es en absoluto. Es más, tiene mucho que ver con nuestra situación actual. El debate, recogido en el «Fedro», gira en torno a la escritura y a los libros. Uno de los personajes, Theuth, defiende la escritura como una forma magnífica de ayudar a la memoria y de conservar y difundir la cultura:

> *«Este conocimiento, oh rey, hará más sabios a los egipcios y más memoriosos, pues se ha inventado como un fármaco de la memoria y de la sabiduría».*

Razonamiento lógico, que *a priori* todos compartimos. Pues bien, su interlocutor no lo tiene tan claro, y se muestra contrario a la escritura. ¿Por qué? Porque le parece una amenaza para la memoria. Así responde Thamus a Theuth:

> *«¡Oh artificiosísimo Theuth! (...) Y ahora tú, precisamente, padre que eres de las letras, por apego a ellas, les atribuyes poderes contrarios a los que tienen. Porque es obvio lo que producirán en las almas de quienes las aprendan, al descuidar la memoria, ya que, fiándose de lo escrito, llegarán al recuerdo desde fuera, a través de caracteres ajenos, no desde dentro, desde ellos mismos y por sí mismos. No es, pues, un fármaco de la memoria lo que has hallado, sino un simple recordatorio. Apariencia de sabiduría es lo que proporcionas a tus alumnos, que no verdad. Porque habiendo oído muchas cosas sin aprenderlas, parecerá que tienen muchos conocimientos, siendo, al contrario, en la mayoría de los casos, totalmente ignorantes, y difíciles, además, de tratar porque han acabado por convertirse en sabios aparentes en lugar de sabios de verdad».*

De alguna manera, Thamus dice que si escribimos las historias y los conocimientos, y los conservamos en libros, a lo mejor la gente ya no considera tan importante recordar las cosas, porque total, están escritas en libros... Y así, quizá los libros contengan saberes maravillosos, pero la gente será más ignorante, olvidadiza, inconsciente... ¿De qué sirve un conocimiento que está recogido en un libro, si nadie lo lee?

Si en el diálogo de Platón —escrito hace unos 2.500 años— cambiamos la palabra «letras» por Internet, tenemos servido un debate pedagógico de rabiosa actualidad. En efecto, hay mucha gente que razona así:

—«Si todo está en Internet, ¿qué sentido tiene recordar conocimientos?».

En efecto, en muchos colegios y en muchas familias se quita importancia a memorizar las cosas, bajo el razonamiento de que el día que un niño o niña quiera saber algo, ya lo buscará en Internet. Lo que se hace es *subcontratar la cultura*, delegando la función de pensar y recordar en ciertos dispositivos tecnológicos. Es lo mismo que nos pasa a los adultos con los navegadores de los coches: ¿para qué saber cómo llegar a un lugar o a un pueblo, si el móvil o el navegador me lo pueden decir?

Desde este posición, lo importante sería enseñar a la gente a buscar bien las cosas, para poder encontrarlas rápido. Como decía un buen amigo mío, normalmente cuando se acercaba un examen que no había estudiado mucho: «Juan, lo importante no es saber. Es tener el teléfono de quien lo sabe». Que podría traducirse por: «Lo importante no es saber, es tener una buena conexión a Internet».

No es igual saber qué río estoy cruzando en un viaje porque lo leo en Internet, que conocerlo porque he estudiado su historia, su caudal, sé dónde nace, dónde desemboca, y quizá hasta un poema de Antonio Machado que habla de las aguas de ese río.

Suena divertido, sí, pero el resultado de esta teoría es la generalización de la superficialidad, cuando no sencillamente de la ignorancia. No es igual saber qué río estoy cruzando en un viaje porque lo leo en Internet que conocerlo porque he estudiado su historia, su caudal, sé dónde nace, dónde desemboca, y quizá hasta un poema de Antonio Machado que habla de las aguas de ese río; no da igual saber cuánto son siete por cinco porque lo sé de memoria, que porque lo calculo con mi móvil; ni tampoco es igual saber quién es Martin Luther King porque lo he estudiado, que porque Siri me lo contesta puntualmente... Un último ejemplo: tampoco es igual saber llegar a un sitio porque conozco el recorrido, que porque sé mirar a la pantalla del navegador. En el primer caso, establecemos una relación con el paisaje, los pueblos y el camino: viajamos. En el segundo, somos viajeros sonámbulos y ciegos: nos desplazamos.

«Siri, ¿qué podemos hacer para explicar a estos chicos que están mirando en la dirección equivocada?».

La diferencia entre estas actitudes marca la frontera entre el ignorante y la persona culta, entre quien navega por la superficie de las cosas, y quien está en situación de saborearlas y disfrutarlas a fondo. O, por utilizar las palabras de Platón, entre llegar a las cosas desde fuera o desde dentro, desde el corazón.

La propia palabra *recordar* es elocuente: significa *traer otra vez al corazón*. Quien memoriza recuerda, trae las cosas al corazón. Quien no recuerda, sino que busca en Internet, se pierde esa sensación de afecto y cariño hacia lo conocido, de estar «en casa» ante las cosas.

Dejar la memoria en barbecho nos convierte en personas ignorantes, con menos recursos intelectuales y menos imaginación. Personas obtusas y aburridas.

Una persona culta no es la que sabe buscar rápido algo en Wikipedia, sino quien es capaz de entender la información, encuadrarla en su contexto y relacionarla con otros conocimientos que ya tiene. Y para eso hay que memorizar cosas. ¿Quién valora más un cuadro de Monet, la persona que ha estudiado Historia del Arte, que ha visitado museos, leído libros, y que ha tratado de memorizar aspectos del Impresionismo, o quien ha pagado dos euros por una audioguía del museo que le repite todo tipo de datos delante de cada cuadro? Obviamente, la primera. La segunda probablemente se pase la visita al museo haciendo fotos con el móvil, arrastrando los pies y pensando en la cerveza que se tomará al final de la visita en el bar del museo.

Junto con los cinco sentidos externos, las personas tenemos dos sentidos internos: la imaginación y la memoria. Mediante ellos somos capaces de pensar y ensanchamos nuestro mundo interior. Despreciar la memoria «porque Internet ya se acuerda por mí» supone un error antropológico de bulto. La memoria nos ayuda a asimilar la información, a digerirla y

Frente a la tercera ola, frente al riesgo de subcontratar nuestra cultura, dejar el cerebro en barbecho y ser unos perezosos intelectuales, es fundamental hacer surf fomentando la agilidad mental, la imaginación y la ilusión por recordar cosas.

hacerla parte de nuestro metabolismo intelectual. Dejar la memoria en barbecho, por el contrario, nos convierte en personas ignorantes, con menos recursos intelectuales y menos imaginación. Personas obtusas y aburridas.

El conocimiento bien aprendido puede compartirse, disfrutarse y convertirse en sabiduría, mientras que el conocimiento meramente cacareado, leído en Internet, no significa nada. Se vacía. Se degrada. Se queda en mera información.

Piensa en un amigo que adore el fútbol. Prueba a decirle: «¿Oye, para qué ves este partido de fútbol? Bastaría con que buscases el resultado en Internet, ¿no? Además, ¿por qué seguir cada jornada los resultados, y no esperar a la última para saber quién ha ganado? ¿Por qué te aprendes de memoria la alineación del equipo? Puedes buscarla en la Red. ¿Qué sentido tiene que veas el resumen de los goles, si ya los viste en directo?».

La respuesta de nuestro amigo sería sencilla: «Mira, no seas pesado. Me encanta el fútbol. El fútbol es mucho más que el resultado, que memorizar nombres, que saber qué ha pasado. Es una vivencia, una experiencia y una pasión. Mucho más que datos fríos».

Lo mismo pasa con la cultura: con la literatura, la historia, la geografía… Son mucho más que datos, que fechas, que nombres de ríos y de montañas… Son pasiones, vivencias, experiencias y emociones que solo pueden vivirse si se experimentan con tranquilidad, con esfuerzo, con disciplina y con ilusión. Y la información aséptica de Internet no tiene nada que ver con todo eso.

Además, la tentación de delegar en Siri nuestra memoria tiene otro resultado perjudicial: la holganza intelectual. La pereza. La desidia. La memoria es como un músculo o un órgano: si la ejercitamos, se fortalece; si no la ejercitamos, se atrofia.

Utilizar la memoria nos acostumbra al esfuerzo intelectual, imprescindible para trabajar bien. Quien se habitúa a que todo le sea dado por Internet, a un clic, se va convirtiendo en un zángano crónico. Igual que quien nunca hace ejercicio el primer día que sale a correr tiene menos resuello que una liebre con anginas, quien no suele esforzarse para comprender las cosas y conservarlas en la memoria termina siendo un zángano intelectual.

Así, en un contexto de omnipresencia de las nuevas tecnologías, resulta crucial que nos empeñemos por defender nuestra agilidad mental. ¿Cómo? No dejando que todo nos lo haga la máquina; intentado aprender cosas de memoria; acabando bien las tareas; haciendo buena letra; esforzándonos por no cometer faltas de ortografía. Ya lo hemos dicho: Internet siempre nos invita a cambiar de página; no nos exige una buena caligrafía, ni que respetemos las reglas de ortografía. Al contrario, lo hace por nosotros. Nos mima. Y a veces habrá que decirle: «No te preocupes, esto lo voy a hacer yo. Y lo voy a hacer bien».

Frente a la tercera ola, frente al riesgo de subcontratar nuestra cultura, de dejar el cerebro en barbecho y ser unos perezosos intelectuales, es fundamental hacer surf fomentando la agilidad mental, la imaginación y la ilusión por recordar cosas. Si lo hacemos así, ensancharemos nuestro mundo: lo conoceremos mejor, lo disfrutaremos más y nos sentiremos en él como en casa.

Así que no seas vago. Ya es hora de levantar tus sentidos internos de la poltrona y apuntarlos al gimnasio del esfuerzo intelectual.

5 ideas para surfear la ola de la pasividad

1 Intenta hacer ejercicios de memoria, y que tus hijos los hagan. Memorizad poemas, pasajes de libros, listas de reyes godos, canciones, capitales de provincias, ríos de Europa... Cuanto más bonitas sean las cosas que se memoricen, mejor. Son nuestra morada espiritual.

2 Haz mentalmente —o con un papel— ciertos cálculos. Evita la tentación de hacerlos con el teléfono móvil o una calculadora. No hablo de raíces cuadradas, sino de sumas, restas, multiplicaciones y divisiones.

3 A veces, en lugar de llegar a los sitios con el navegador, procura hacerlo recordando el camino, utilizando tu sentido de la orientación, o preguntando a los paisanos. Quizá tardes un poco más en llegar, pero seguro que sales ganando. Y si no sabes ir, pregunta. Es asombroso: uno escucha cosas totalmente insólitas. Comprobarás la existencia de estos tres clásicos: las deformaciones de la palabra «rotonda» (redona, redonda, rodonda); personas que te dicen: «giras a la derecha» mientras con la mano señalan muy decididas a la izquierda; y gente que baja tanto al detalle que hace que nos perdamos en la segunda indicación, pero a quienes nos resultará imposible hacer callar. Lo máximo —solo me ha pasado una vez— es el que se te sube al coche y te dice: «Voy contigo». Socorro.

4 Cuando vayas de viaje, en lugar de parar a comer en una estación de servicio, busca de vez en cuando un pueblo interesante que te pille de camino, y para a comer allí. Igual puedes visitar algo. Y seguro que el bar del pueblo es más genuino que el *self-service* de la típica área de servicio.

5 Exige a tus hijos buena letra y respeto de las normas de ortografía, «sovre todo en los correos electrónicos y en los mensages de wasap».

Vídeo recomendado

«El indomable Will Hunting, conversación en el parque»

Escena de la película *El Indomable Will Hunting*, en la que Sean Magueri (Robin Williams) explica a Hunting (Matt Damon) la enorme diferencia entre saber cosas teóricamente, y haberlas experimentado en carne propia. La conversación puede servir para comparar los entretenimientos digitales con las experiencias *off-line*, que son más costosas, pero que casi siempre nos dejan mejor sabor.

«Es que mi hijo
es muy rebelde».
«Me alegro,
es precisamente
lo que necesitamos».

4

Frente a los contenidos nocivos

Rebeldía

Internet es una gran plaza de toros, en la que cada internauta, cada uno de nosotros, representa el papel de un toro. Cuando entramos en la plaza —normalmente con una finalidad concreta—, cientos de servicios intentan con sus capotes llamar nuestra atención y llevarnos a sus páginas web. El número de subalternos y toreros que compiten por nuestros clics, por nuestro tiempo, es casi infinito.

¿Cómo llamar la atención de alguien? Hay varias formas, pero creo que todas pueden resumirse en dos: con contenido de calidad o con contenido basura. El contenido de calidad cuesta imaginación y dinero; el basura, suele ser barato y estándar.

Los productores de televisión lo saben desde hace décadas. ¿Quieres audiencia?

Opción 1. Haz un programa de gran calidad. Normalmente te saldrá caro. Si tienes suerte, la audiencia vendrá.

Opción 2. Junta a un ciclado de gimnasio que hable alto, una presentadora con minifalda, un tío algo fascista, una cuarentona bucanera, y un cornudo. Que beban dos gin-tonics cargaditos en los camerinos y que salgan al plató. Te va a salir barato, y el éxito está casi asegurado.

El sistema se repite, más o menos, en la Red. Ahí nuestro hijo puede encontrar y crear cosas muy útiles, de gran calidad, pero también dar con todo tipo de basura que reclama insistentemente su atención. Y fíjate que no digo contenido adulto, o contenido no apto para menores. No. Digo contenido basura, perjudicial, porque el contenido al que me refiero no es bueno ni para un niño ni para un adulto.

En Internet tu hijo podrá aprender a tocar un nocturno de Chopin al piano, o a fabricar una bomba casera; puede ver los goles de la final de la Champions, o una pelea de perros; puede leer un soneto romántico de Garcilaso o presenciar el espectáculo de un burdel de Las Vegas…

En este capítulo vamos a hablar de contenido morboso, sobre todo, de pornografía. Pero las siguientes reflexiones pueden aplicarse a otro tipo de contenido, que puede ser también perjudicial:

—las apuestas por Internet;
—el contenido sádico o extremadamente violento;
—las guías para adolescentes anoréxicos (para aprender a perder peso a marchas forzadas);
—el contenido cotilla y frívolo;
—la banalización del uso de las drogas;
—la ridiculización de terceros;
—los gamberros *youtubers* mofándose de todo y de todos;
—los mejores goles de Messi (no puedo reprimir mi vena merengona);
—las canciones de Miliki (si hoy las analizáramos, Miliki probablemente acabaría en la cárcel. Temas como el de «Si eres buena cocinera, Manuela», o «Así barría así, así, así barría, que yo la vi» convierten a Miliki y sus secuaces en uno de los grupos más machistas de nuestra historia musical reciente. Quién se lo iba a decir al hombre hace cuarenta años...).

«¿Cómo he terminado aquí, cuando yo lo que quería era hacer los deberes?».

La primera cosa que hay que saber —aunque no deja de ser un misterio— es que el contenido morboso nos atrae. Creo que esta frase no necesita demostración, pero bueno, hagamos un sencillo experimento, con dos supuestos:

Supuesto 1. Entras en un periódico digital y lees: «Elecciones generales. Los candidatos explican su programa», y en la columna de al lado: «Miley Cirus se emborracha en un concierto y la lía parda». ¿Cuál leerías?

Supuesto 2. Lees en un diario digital que un motorista ha muerto en la última carrera de Moto GP. La noticia va acompañada de un enlace: «Vea las imágenes más escalofriantes del accidente». ¿Verías el vídeo?

El interés de la borrachera de quien otrora fuera Hannah Montana, o el interés concreto del vídeo del accidente a cámara lenta son nulos. Pero despiertan nuestro interés, no podemos negarlo. Son esos capotes que llaman nuestra atención en la plaza de toros. Y entramos al trapo, y vemos el contenido morboso. Con ello, contribuimos a promover ese contenido, que quizá hasta nos parezca lamentable. Este contraste entre lo que nos parece bien y lo que hacemos es lo que lleva al siguiente misterio: casi nadie reconoce ver telebasura, pero los programas de telebasura arrasan en audiencia. Así son las cosas. Quizá Iker Jiménez, experto en ufología y en sucesos paranormales, un día nos explique en *Cuarto Milenio* las causas ocultas de este misterio.

Si el contenido morboso, en general, nos resulta atractivo, para los chicos varones el contenido sexual y pornográfico es altamente llamativo y adictivo. Y eso no porque lo diga yo, sino porque lo dicen los sociólogos que saben de esto, además de la experiencia universal de todo aquel que se haya dedicado a la educación de chicos adolescentes.

Quizá si eres mujer te cueste algo más entender esto, pero para un hombre —no solo para un adolescente—, resulta realmente difícil resistir a la tentación del porno, y, una vez dentro, salir de la adicción. La disponibilidad es tan inmediata que hay que ser muy fuerte para no caer en ella. Piensa en tu adolescencia, e imagina que en la mesa de tu habitación tuvieras una colección de revistas pornográficas siempre a tu disposición. ¿Las hubieras mirado? Resulta difícil responder: «No, seguro que no». Pues eso es un teléfono móvil en manos de tu hijo (entre otras muchas cosas, claro).

Ante esto, habrá quien objete: «Bueno, tampoco te pongas así. Siempre había gente en el colegio que traficaba con alguna revistilla». No te equivoques. La diferencia entre aquello y el porno hoy es como comparar las barcas del Retiro con el Juan Sebastián Elcano. Muchos menores ven pornografía a diario. Durante años. La industria pornográfica en Internet es, sencillamente, brutal. Y delante está tu hijo de 12 años, con su mejor voluntad.

Igual que en cierto sentido «somos lo que comemos», también «somos lo que vemos». La dieta audiovisual determina cómo desarrollamos nuestra personalidad.

Como hemos dicho antes, la pornografía solo es un tipo de contenido nocivo. Hay más. Quizá, el resto podamos incluirlo en la categoría general de contenido morboso, que nos atrae, pero que no estamos orgullosos de ver.

¿Cuál es problema de que nuestros hijos accedan a esos contenidos? Pues que igual que en cierto sentido «somos lo que comemos», también «somos lo que vemos». La dieta audiovisual configura nuestro imaginario, porque alimenta nuestra imaginación y determina cómo desarrollamos nuestra personalidad.

Una persona que ve contenidos pornográficos, fácilmente mirará luego mal a las personas de su entorno, como si fueran meros objetos; quien se pasa el día husmeando en la vida de los demás en la Red, será inevitablemente un fisgón en su vida diaria; quien se ría con contenidos crueles, terminará siendo una persona con pocos sentimientos…

Hay que cuidar la dieta digital; nuestras decisiones *online* configuran nuestra forma de ver el mundo. Por eso es importante no acostumbrarse al contenido zafio, que nos embota el cerebro y nos atrofia el buen gusto.

¿Cómo combatir los contenidos nocivos? ¿Cómo educar a nuestros hijos para que no los vean, mejor dicho, para que no quieran verlos?

Apuntando a un objetivo mayor. La curiosidad no se vence con un: «No debo ver esto», «no me conviene ver aquello». Es necesario presentar un objetivo atrayente, que ilusione. Me parece que fue Nietzsche quien dijo: «Quien tiene un porqué, soporta cualquier cómo». Esa es la idea. ¿Por qué he de resistir a la curiosidad morbosa? Porque quiero ser una persona con mirada limpia. Quiero que el medio ambiente de mi cerebro y de mi corazón estén libres de porquería. No quiero contribuir con mis clics a la explotación mercantilista de las vergüenzas o el sufrimiento ajeno.

Frente a la avalancha de contenido inadecuado, yo me cuido.

De nuevo cobra aquí un papel destacado la confianza. No está mal que como madres o padres intentemos controlar o limitar un poco lo que ven nuestros hijos. Es bueno que así sea. Podemos hacerlo a través de filtros de contenidos, que conviene instalar. Y, sobre todo, podemos preguntarles de vez en cuando qué hacen en Internet, qué imágenes se mandan con sus amigos, o qué tipo de cosas ve la gente de su clase en la Red. De todas maneras, al final nuestros hijos verán lo que quieran. En general, saben más que los padres de tecnología, por lo que el control parental no deja de ser algo testimonial. Ahora bien, no hay que dejar de dar ese testimonio.

La clave aquí es que el menor piense y decida qué contenido quiere ver. Y ello en función de qué tipo de persona quiere llegar a ser.

Junto con esto, la clave aquí es que el menor piense y decida qué contenido quiere ver. Y ello en función de qué tipo de persona quiere llegar a ser.

Lo ideal sería que un adolescente —y también un adulto—, antes de hacer clic en un vídeo o un contenido *online*, se hiciera estas preguntas:

Queremos educar chicos y chicas rebeldes, que naveguen por donde ellos deciden, y no se dejen llevar por los reclamos morbosos que les presentan quienes quieren aprovecharse de su curiosidad.

—¿Esto me aporta algo?
—¿Me hace mejor persona?
—¿Me imagino a mi padre o a mi madre viéndolo?
—¿Me imagino a mí viendo este contenido con ellos?
Y quizá la pregunta clave:
—¿Le gustaría a mi abuela Lolita que yo viera este vídeo?

Y si la respuesta es no, pues mejor no verlo.

Más que hacer un catálogo de *qué se puede ver*, se trata de apelar a la sinceridad personal. No hablamos aquí de educar a los hijos diciendo: «Esto puedes verlo, esto no», sino de hablar con ellos y decirles: «Piensa qué cosas, al verlas, no te dejan tranquilo ni te hacen mejor. No voy a ser yo quien te diga cuáles son. (O sí). Pero piénsalas tú. Y cuando las tengas decididas, sé fuerte, y resiste. No te dejes avasallar por gente que quiere ganar dinero a tu costa en Internet, explotando tu curiosidad».

Esta conversación hay que tenerla. Puede darnos más o menos pereza, o más o menos vergüenza o aprensión… Pero, como padres, es responsabilidad nuestra. Además, esta forma de educar abre una opción de mejora, un panorama ilusionante. No se trata de no ver esto o aquello, sino de defender mis principios, de ser fuerte y resistir en las propias convicciones: «Aunque todos vean ese contenido, aunque me apetezca verlo, yo no lo voy a ver, porque sé que es malo, y he decidido que no voy a verlo. Porque los Pérez este contenido no lo vemos. Porque me fío más de mi madre que de las Kardashian. A lo mejor alguna vez veré esos vídeos o esas imágenes. Dependiendo de lo nocivos que

Este planteamiento tiene el atractivo de la rebeldía, de la disidencia. Y eso forja chicos y chicas con personalidad en Internet.

sean, me arrepentiré un poco, o un mucho, pero voy a plantar cara. No quiero ser un toro mareado en Internet. Ni una veleta que mira a dónde le lleva el viento de la curiosidad».

Este planteamiento tiene el atractivo de la rebeldía, de la disidencia. Y eso forja chicos y chicas con personalidad en Internet. Dicen que la fortaleza está en atacar, pero sobre todo, en saber resistir. Los buenos boxeadores lo saben. Si tienes una mandíbula de cristal, por fuerte que pegues, no tienes nada que hacer sobre el ring. Sin embargo, si sabes encajar, si sabes resistir en el bien, no hay quien te tumbe. Tenemos que resistir en nuestras convicciones. Somos disidentes digitales. Somos la resistencia.

Termino el capítulo con tres referencias culturetas:

De nuevo en *La Odisea*, leemos cómo los marineros de Ulises se convierten en cerditos en la isla de Circe, fruto de un hechizo de la bruja. En Internet hay muchos cerditos y muchas Circes. Vamos a pelear con nuestros hijos para no dejarnos engañar, para resistir en el bien, como el bueno de Ulises.

La obra de teatro del absurdo *El Rinoceronte*, de Ionesco, narra la historia de un pequeño pueblo francés, en el que los habitantes, paulatinamente, se van convirtiendo en rinocerontes. Al final solo mantienen su apariencia humana los dos protagonistas. Uno de ellos flaquea, y dice: «¿Vale la pena resistir? También yo quiero ser como todos, aunque para ello me tenga que convertir en un rinoceronte. No quiero ser un marginado». A lo que el otro responde decidido: «¡Nunca! ¡Yo no capitulo!». Esa es la actitud: necesitamos rebeldes.

La última referencia es a Platón, para quien la buena educación consiste en *enseñar a gozarse en lo bueno y a rechazar de forma natural lo malo*. De eso se trata, también en Internet: de no disfrutar con contenido dañino, y de disfrutar como nadie de todas las cosas buenas que en Internet se encuentran, ya sea de los goles de la Champions, los nocturnos de Chopin, o las canciones de Miliki.

11 ideas para surfear la ola de los contenidos nocivos

1 Instala un filtro de contenidos —u otro sistema de control parental— en los ordenadores, *tablets* y móviles de casa.

2 De vez en cuando, revisa el historial de visitas de los dispositivos de casa.

3 Cuando en la tele o en Internet salga un contenido que te parezca inadecuado o desagradable, no dejes de decirlo. Y explica por qué (sin ser muy pelma). Igual hasta se monta un debate en casa... Las cosas hay que explicarlas, y hay que ayudar a los hijos a formar su criterio.

4 Evita, en la medida de lo posible, que tus hijos utilicen las *tablets* y los móviles en la habitación y por la noche.

5 Habla con ellos sobre la dieta digital. Diles que te preocupa que se conviertan en obesos digitales o en adictos a los contenidos basura.

6 De vez en cuando, pídeles que te cuenten qué tipo de contenido ven sus amigos, o qué es lo que está más de moda entre la gente de su edad. Alguna vez podéis ver juntos algunos de esos vídeos en la sobremesa, y, si se tercia, comentarlos.

7 Dedica un rato a la semana o al mes a enterarte de los diez vídeos más vistos en Youtube, o a quién es el tuitero o bloguero más famoso de España. Te servirá como muestra de qué tipo de contenidos están de moda entre los adolescentes, y te resultará útil para educar.

8 Antes de pinchar en un contenido, hazte la pregunta —y educa para que se la hagan—: «¿Es este el tipo de contenido que

yo quiero fomentar en la Red?». No olvides que cada uno de tus clics es un punto a ese contenido.

9 Pon algo de ayuno a tu curiosidad y educa para que tus hijos también lo hagan, aunque sea en contenidos normales o buenos: «Los lunes no leo el Marca en Internet» o «Mientras trabajo, no escucho música hasta cierta hora» o «No veo vídeos de cantantes». Es un ejercicio imprescindible para mantener la curiosidad bajo control, y decidir así nosotros qué contenido vemos y cuál no.

10 Dependiendo de la edad de tu hijo, no estaría mal que tuvieras las contraseñas de sus redes sociales o te reservases el derecho a entrar en su móvil y ver lo que tiene, aunque luego no lo ejerzas. Si no le hace gracia —que no se la hará—, siempre puedes darle las contraseñas de tus perfiles y el código para desbloquear tu teléfono: «Si quieres, tú también puedes ver todo lo que tengo en el móvil».

11 *Last, but not least:* educa el gusto y la sensibilidad de tus hijos. A quien le gusta el Rioja es difícil engatusarle con un vino de tetra-brik. Para ello, intenta disfrutar con ellos de cosas bonitas y buenas: música clásica, visitar un museo, saborear un buen libro, ver los mejores goles de Messi o de Zidane...

Vídeos recomendados

«¿Dónde está Pablo?»

Vídeo publicado por *Protégeles* (Asociación para la defensa de los menores en Internet). Contiene un mensaje claro para madres y padres: «En la vida real protegemos a nuestros hijos. Hagámoslo también en Internet». Lo de contraponer Internet a la vida real es una afirmación un poco siglo XX, pero se les perdona… El vídeo está muy bien.

«Rocky Balboa, discurso a su hijo sobre la resistencia»

La verdad es que el vídeo está un poco traído por los pelos. Pero Rocky lo merece, no defrauda. El vídeo es una escena de *Rocky VI*, cuando Stallone le dice a su hijo que la vida golpea muy duro, pero que hay que resistir y avanzar. Un poco de eso es lo que hemos reivindicado en este capítulo: frente a las incitaciones a lo peor de nuestra curiosidad, debemos ser fieles a nuestros principios y no consumir contenidos nocivos en la Red.

Aplaudan, por favor

5

Frente A LA OBSESIÓN por la imagen

Personalidad

Hace poco leí un libro de un humorista que bromeaba diciendo: «El número de fotos que tengo de mi hijo es mayor que las veces que mi padre me miró en toda su vida». Sin dejar de ser una exageración, el chiste revela una gran verdad: vivimos en la cultura de la imagen. Nos encanta hacer y hacernos fotos, y compartirlas con todo el mundo. Y aquí la expresión «todo el mundo» no es una hipérbole.

En principio, no parece que esto sea malo. Pero tiene dos peligros de los que es preciso alertar:

1. Otorgar una importancia excesiva a la foto, de modo que se convierta en el centro de la actividad.
2. Deslizarnos hacia una necesidad compulsiva de compartir la foto y conseguir el aplauso de los demás.

Vamos con el primero. Hay gente que está tan interesada en inmortalizar un determinado momento con una foto que termina prestando más atención a la foto que al motivo que la justifica. Lo explico con tres ejemplos reales.

Ejemplo 1. Viaje de esquí. Paisaje impresionante. Día soleado. Mucha nieve. Nacho se ha comprado una GoPro, una de esas cámaras que te colocas en el casco y graba todo lo que ves. Pues bien, nos da el día con la camarita. Mientras subimos en los telesillas, en lugar de disfrutar del paisaje, no deja de teclear en la cámara, para ver cómo va la batería, si está grabando bien, etc. Cuando bajamos, tenemos que frenar una y otra vez para que se ajuste la cámara, y hacer los giros donde nos dice para que se graben bien. Vamos, una lata. Chico, apaga la cámara y disfruta del día y del paisaje.

Hay gente que está tan interesada en inmortalizar un momento con una foto, que termina prestando más atención a la foto que al motivo que la justifica.

«Hijos, mirad qué paisaje más espectacular». «Sí, papá. (Esta foto va a ser única. A ver cómo cojo un buen encuadre...)».

Ejemplo 2. Plaza de San Pedro. Va a pasar el Papa Francisco bendiciendo a los fieles. La mayoría de la gente está más preocupada de mirar la pantalla de su móvil para hacer una buena foto del Papa, que de mirarle a la cara y disfrutar del momento. Por cierto, que a Obama le pasó lo mismo en su última recepción de ciudadanos en el jardín de la Casa Blanca: los asistentes estaban más pendientes de grabarlo todo que de vivirlo. ¿Quieres una foto del Papa o del presidente? Búscala en Internet. Y ahora disfruta del momento.

Ejemplo 3. Puesta de sol en Finisterre. Mes de julio. Un auténtico espectáculo. Paula se pasó casi media hora grabando la puesta de sol con su teléfono móvil. Alucinante. Para eso, quédate en casa y busca un vídeo en Youtube, que seguro que está mejor hecho que el tuyo.

Estos ejemplos pueden dar risa o pena, pero son tremendamente reales. Todos podemos vernos reflejados en ellos. Pero ahora viene otra pregunta, que revela lo verdaderamente dramático o ridículo de nuestra obsesión por las fotos... ¿Vio Nacho a su vuelta alguno de los vídeos que grabó en la nieve? ¿Tienes las fotos del presidente o del Papa reveladas en tu cuarto de estar? ¿Vio Paula posteriormente el vídeo de la puesta de sol en Finisterre? Respuesta a la primera pregunta: no. Respuesta a la segunda pregunta: no. Respuesta a la tercera pregunta: no. ¿Las cámaras del móvil nos idiotizan? Respuesta: sí.

Es realmente paradójico: intentamos inmortalizar los momentos haciendo fotos, pero luego casi nunca las revelamos, y las perdemos para siempre cuando borramos los archivos para ganar espacio de memoria o cada vez que cambiamos de dispositivo. Lo documentamos todo, pero no conservamos nada.

Con lo dicho hasta aquí no pretendo sostener que es malo hacer fotos; lo malo es darle tal importancia a la foto o al vídeo que se conviertan en el centro de la actividad, impidiéndonos disfrutar plenamente de lo que estamos haciendo (porque estamos distraídos). No permitamos que las ganas de tener el recuerdo de algo nos impidan vivir ese algo al 100%.

Un amigo me contó una anécdota divertida: su hermana de ocho años estaba celebrando su cumpleaños en casa con unas amigas del cole. Una de ellas era muy extrovertida y simpática, de manera que en cierta medida se había convertido en el centro de la reunión. La hermana de mi amigo se la llevó a un rincón, enfadada, y le dijo: «Oye, no te olvides de que es *mi* cumpleaños, así que tú estás aquí para que *yo* me lo pase bien». Y le dio una patada. Bueno, pues algo parecido habría que decirle a las cámaras de fotos y los móviles: «Estás aquí para que *nosotros* disfrutemos más del momento, no para convertirte en protagonista».

Hasta aquí el primer riesgo. ¿Y el segundo? La obsesiva necesidad de contarle a todo el mundo lo que estamos haciendo, y la necesidad de que nos aplaudan. La mayoría de las veces, quien hace una foto lo que pretende es compartirla —en ese momento, o posteriormente— con alguna persona cercana. Se trata de un deseo natural, que siempre ha existido: hago fotos para enseñarles a mis padres qué bonito es el lugar donde estoy; para que mi novia vea qué bien cocino; para dar envidia a mis amigas... Lo contamos, nos contestan, compartimos. Hasta aquí, todo bien, todo correcto.

La personalidad debería ser algo más profundo, de más calado: la conversación, la mirada, los intereses, las virtudes, la sonrisa, el ingenio, el duende.

El problema es cuando el deseo de contar las cosas se hipertrofia, y cobra una importancia tan grande que se convierte en lo que más nos preocupa. Por esta pendiente, el objetivo termina siendo poder contar muchas cosas, muy interesantes, a mucha gente. Así, cuando hago algo, más que pensar en si es lo que debo hacer, o en si estoy disfrutando mientras lo hago, tiendo a pensar: «¿Puedo hacer una foto? ¿Les va a gustar a mis amigos?».

La consecuencia más inmediata es que comienzo a emitir demasiadas cosas, con lo que el interés de cada una de ellas es cada vez menor; empiezo a distorsionar la realidad, con el fin de hacerla —o hacerme— más interesante, más *cool*; y acabo buscando desesperadamente un público, el mayor número de receptores y palmeros posibles. ¿Y todo esto es malo? Hombre, malo, malo, no es, pero supone una pérdida de tiempo y de energía bastante considerable.

Curioso: la obsesión por emitir rara vez se materializa en cartas, diarios, blogs o correos electrónicos largos. Estos soportes necesitan reflexión, esfuerzo y tiempo. La reflexión y el esfuerzo no están muy de moda, y el tiempo escasea, de modo que la fiebre de la emisión se concreta en fotos (en las que se intenta parecer atractivo, como es lógico).

Otro peligro para los adolescentes es el de confundir la valía personal con el número de «likes» o aplausos digitales que se reciben.

El deseo de dar buena imagen en principio no es malo, pero si se convierte en lo más importante, uno corre el riesgo de volverse una persona muy superficial. A fin de cuentas, una foto o una frase breve en Twitter tiene sus limitaciones. La personalidad es algo más profundo, de más calado, imposible de capturar en una imagen: la conversación, la mirada, los intereses, las virtudes, la sonrisa, el ingenio, el duende…

Quien se obsesiona por las fotos terminará centrando sus esfuerzos —perdón por la claridad— en tener unos buenos bíceps, unos buenos abdominales o un buen culo. Confundirá su valía con su imagen. Siempre que hablo de esto en los colegios, me acuerdo de una de las coplas de Jorge Manrique, que dice algo parecido a esto, pero mucho mejor dicho: «Si en lugar de dedicarnos a mejorar nuestra imagen externa nos esforzáramos en embellecer nuestra cara interior, cuánto mejoraríamos». Por supuesto, en los colegios no cito a Jorge Manrique, para no dar la impresión de ser un extraterrestre o un tarado. Lo que está claro es que el problema no es nuevo, aunque quizá hoy nos ataque con una intensidad mayor.

Con este panorama, es oportuno recordar a nuestros hijos, una y otra vez, que hay guapos que van de interesantes y que son unos perfectos imbéciles; y gente más normalucha, o hasta fea, con los que es divertidísimo estar, a los que es apasionante conocer. Para quien entienda catalán, recomiendo la canción de Manel *Els guapos son els raros*, todo un himno a la gente normal, más o menos fea, que hace cosas interesantísimas. Al final del capítulo os dejo un enlace con la canción subtitulada en castellano.

Muy unido a la obsesión por la imagen, otro peligro para los adolescentes es el de confundir la valía personal con el número de *likes* o aplausos digitales que se reciben.

Los adolescentes suspiran por ser aceptados por el grupo, y más todavía por ser admirados, por ser populares. Y tiemblan ante la posibilidad de ser dejados de lado, o ser considerados personas aburridas o impopulares. Estos sentimientos tampoco son nuevos; siempre ha habido chicos y chicas más admirados, y otros más solitarios. Lo malo es que ahora, con las redes sociales, todos los chicos y chicas tienen un índice objetivo y público de popularidad: todos saben si tu balance de «seguidores» y «seguidos» es positivo o negativo; saben cuántos amigos tienes en las redes sociales, y cuántos *likes* reciben tus fotos...

Quien presenta buenos números es considerado un *winner*; quien está en la media, no tiene especiales problemas; pero quien tiene números pobres tiene marcada en su frente la «l» de *loser*. Todo esto lleva a conductas curiosas: los adolescentes saben a qué hora deben subir fotos a la Red para obtener más «me gusta»; se intercambian «me gusta» con personas a las que muchas veces ni conocen; abren perfiles de familiares para hacer «autopromoción»... Sin exagerar mucho, podemos decir que muchos pasan la tarde revisando el número de aplausos digitales que tienen sus perfiles. Cuando el número es alto, se acuestan satisfechos; si el número es bajo, pasan una mala noche, pensando: «¿Por qué habré subido esa estúpida foto?».

Recuerdo que de pequeño una amiga de mis padres buscaba cada año niños para hacer de «palmeros» en una actuación de sevillanas. La idea era vestirse algo así como de rejoneador (pantalón gris, faja y camisa blanca, con un gorro de ala ancha), y estar a los lados del escenario haciendo como que dabas palmas, mientras seis o siete parejas bailaban sevillanas. Un auténtico peñazo para un niño de ocho años, claro. Bueno, pues si antes era la amiga de mis padres quien buscaba palmeros una vez al año, ahora todo el mundo busca palmeros permanentemente, cada día: las palmas son los *retuits*, los *likes* y los «me gusta», que normalmente uno concede con el mismo tedio con que mis hermanos y yo dábamos palmas entonces a los lados del escenario, pensando: «A ver cuándo acaba esto». Pues bien, esto acaba de empezar...

En este sentido, no estaría mal recordar a nuestros hijos qué ha sido de los chicos y chicas más *guays* o populares de nuestro colegio. Quizá muchos sean perfectos idiotas hoy en día, y por el contrario, otra gente menos *cool* o enrollada haya llegado muy lejos. Seguro que entre nuestros mejores amigos no todos son «ganadores», sino que hay mucho «tío normal», que a la larga es mucho más genial y extraordinario. Repítelo en casa de vez en cuando, para contrarrestar la falacia de que la gente popular es la que triunfa en la vida y llega más lejos. Esa sombra de duda sobre los tipos *guays* es muy necesaria, para que nuestros hijos no crean que es oro todo lo que reluce.

«Espejito, espejito: ¿quién es la más popular del instituto?».

La gente con personalidad y verdaderamente original sigue sus sueños, sus intuiciones y sus responsabilidades independientemente, del aplauso que reciba.

Como hemos visto, el deseo de gustar y tener un público puede hipertrofiarse un poco. El riesgo de esta hipertrofia es que los adolescentes confundan su valía personal con su imagen o con el número de seguidores que tienen en Internet; que solo se decidan a hacer cosas que puedan contar en Internet; que desprecien todo aquello que no puedan fotografiar y compartir y que sobreactúen en la Red, poniéndose una careta que no revele su verdadero estado interior. Cuando estas conductas se generalizan, el entorno digital de los adolescentes es una mascarada donde todos pretenden ser muy felices y modernos, y donde cada vez hay menos espacio para la naturalidad y los defectos que todos tenemos —que es preciso a toda costa disimular o esconder—.

A pequeña escala, muchos adolescentes pueden estar pasando por lo que pasó Essena O'Neill. Esta joven australiana arrasaba en las redes sociales con sus posados: era natural, simpática, fresca (en el sentido amplio de la palabra...). Pues bien, un día decidió salirse de la rueda, confesando que sus fotos estaban todas retocadas, que las posiciones naturales en verdad eran el resultado de horas de sesiones fotográficas, y que a pesar de ser una triunfadora digital, se sentía bastante sola, utilizada y desgraciada. Sin llegar a ese extremo, la deriva de «postureo» y superficialidad en muchos adolescentes en Internet es patente. Mantener esa imagen conlleva esfuerzos agotadores y continuas comparaciones, y muchas veces tiene como consecuencia la misma sensación de tristeza y soledad que confesó valientemente Essena O'Neill.

Frente a toda esta deriva, hay que resaltar la importancia de la autenticidad y la personalidad. Quien solo actúa de cara

Hay muchas cosas en la vida, quizá las más bonitas e importantes, que no voy a poder contar con megapíxeles.

a la galería subarrienda su valía personal y sus experiencias a los demás. En el fondo, no deja de ser un gregario, porque identifica su valor con el reconocimiento del grupo. Por el contrario, la gente con personalidad y verdaderamente original sigue sus sueños, sus intuiciones y sus responsabilidades, independientemente del aplauso que reciba. Si le aplauden, se alegra. Si le abuchean, aprieta los dientes. Y si le ignoran, quizá silbe o canturree un poco. Pero sabe por qué hace las cosas, quién es, y para quién actúa.

Hay muchas cosas en la vida que no voy a poder contar con megapíxeles. Unas, porque resultan cotidianas y prosaicas: estudiar, ir al trabajo, estar con la abuela, hacer pis después de haber comido espárragos trigueros... No es fácil compartir eso en Facebook y recibir muchos «me gusta», pero estas cosas ordinarias son los ingredientes básicos de la vida, y también de la felicidad —no todas al mismo nivel—. Y otras no caben en megapíxeles sencillamente porque son tan importantes y bonitas que no se pueden contar a mucha gente y ni siquiera se pueden fotografiar. Son tan valiosas que son secretos, y han de ser contados de uno en uno — y a veces, ni siquiera eso—. Quedan dentro de nosotros y nos hacen ser quienes somos.

Quien se acostumbra a actuar para hacerse fotos y solo se mueve a cambio de aplausos, corre el peligro de despreciar ambas cosas: las cotidianas y las verdaderamente extraordinarias. Por el contrario, quien se decide a seguir sus gustos, a mostrarse como es, a no ocultar sus defectos y a no exagerar sus virtudes, construye una personalidad auténtica, natural y atractiva.

Ese es el desafío en el desfile de modelos de las redes sociales.

12 ideas para surfear la ola de la obsesión por la imagen

1 Relee de vez en cuando el cuento de «El traje nuevo del emperador», de Andersen.

2 Aprende de memoria el poema «Ándeme yo caliente, y ríase la gente», de Luis de Góngora, y declámalo en reuniones familiares.

3 Evita hacer demasiadas fotos de todo lo que haces. Con una o dos a veces es suficiente; y luego céntrate en el cumpleaños, la puesta de sol, o el partido de fútbol.

4 No seas pesado mandando fotos. No hace falta mandar diez o doce de cada plan o evento. Con una o dos es suficiente.

5 Tira tu palo *selfie* a la basura. Cada vez que quieras una foto, pídele a alguien que te la haga. (En cualquier caso, nunca confíes en que hayan hecho la foto bien. Cuando el voluntario se haya alejado lo suficiente, revisa que la foto haya salido mínimamente bien: hay gente muy paquete por ahí).

6 Revela las fotos, y cuélgalas en la pared de tu casa, en el corcho de tu oficina, etc. Frente a las cinco mil fotos fugaces de Whatsapp, defiende diez o doce que permanezcan y que encierren un significado especial para ti.

7 Ante un hecho espectacular, evita que la primera reacción sea: «Vamos a hacer una foto». Primero disfrútalo, saboréalo, y en un momento posterior ya podrás hacer la foto.

8 Invita a tus hijos a subtitular algunas de sus fotos con frases originales, ocurrentes o en verso. Al hecho de hacer la foto se le añade así un componente de creatividad interesante.

9 Búscale a tu hijo o hija algún hobby poco *mainstream*, algo friki o alternativo, algo de lo que quizá no pueda presumir mucho. Valorará esa característica que le hace especial.

10 Para superar el egocentrismo y narcisismo, no estaría mal ir con tus hijos a hacer un voluntariado de vez en cuando. Es una buena escuela para aprender que más allá de tener un buen escote, un buen bíceps o una buena cuenta corriente, hay otras realidades más importantes que reclaman su compromiso e implicación.

11 Recuerda en casa que lo importante no es tener muchos seguidores en Instagram ni muchas visualizaciones en Snapchat, sino hacer lo que uno quiere hacer, hacerlo bien, y disfrutar haciéndolo.

12 Si algún famoso o ganador demuestra que es un verdadero estúpido, comenta distraídamente: «Seguro que el tío tiene miles de seguidores en Instagram. De poco le van a servir en la cárcel» o «A veces parece que ser famoso y hacer el tonto van de la mano».

Vídeos recomendados

«No lo hagas» Poema de Charles Bukowski

El vídeo es un canto a la autenticidad y a la personalidad. «Si no ruge dentro de ti, no lo hagas». Imágenes con mucha fuerza que ilustran un famoso poema de Charles Bukowski.

«Els guapos son els raros» Canción de Manel

Divertida canción del grupo de música catalán Manel, con subtítulos en español. La canción nos recuerda que los guapos son los raros, también tienen problemas y van al psicólogo, mientras que hay feos que bailan o cantan genial, disfrutan con sus hobbies y tienen un buen *swing*. Las apariencias no lo son todo.

Essena O'Neill: «La verdadera razón por la cual renuncia a las redes»

Testimonio de Essena O'Neill, que tras triunfar en las redes sociales como *top model*, reconoce que se sentía muy infeliz, a pesar de la fachada de triunfadora que todos admiraban. Os copio una de sus frases: «Solo me sentía mejor conmigo misma cuando tenía más seguidores, más *likes*, más elogios, y más visitas en línea. Nunca era suficiente». Si te gusta el vídeo, no tengo claro que debas darle a «Me gusta».

No hay mal que cien años dure. O sí

6

Frente a la desinhibición

Autocontrol

Un niño o un adolescente aburrido son un peligro. Aburrimiento es sinónimo de problemas. Cuántas veces hemos oído a un padre o a una madre decir al cuidador o canguro del hijo: «Mira, haz lo que sea, pero tenlo entretenido».

Hace décadas, las travesuras y gamberradas de un menor aburrido tenían generalmente un alcance limitado en el espacio y en el tiempo: uno podía tirar a los viandantes papel higiénico mojado por la ventana, romper una lámpara jugando al fútbol, hacer un calvo por la ventanilla del coche o el autobús… Nada del otro jueves.

Con Internet las cosas cambian. El ámbito espacial de la gamberrada se incrementa —puedo insultar a alguien que está en otra ciudad o país, o hacer llegar un comentario a cientos de personas—, y también el temporal —si mi gamberrada circula por la Red, nunca tendré la seguridad de que el contenido haya sido borrado definitivamente. Quién sabe si en unos años eso puede salir a la luz y perjudicarme—. A estos factores se añade un tercero: cierta sensación —totalmente falsa— de seguridad en la Red: un chico o chica, solo en su habitación, tiene cierta impresión de que lo que envía queda entre él y el receptor. Esa sensación de seguridad desemboca muchas veces en la desinhibición; cosas que el adolescente no haría nunca en público o delante de otra persona —o que no enseñaría—, sí se atreve a hacerlas —o a enseñarlas— con la mediación de una pantalla.

> *En Internet la famosa respuesta del borracho desinhibido —«a mí se me pasa mañana»— no se cumple: lo publicado llega lejos y no se borra, en ningún caso se pasa mañana.*

En Internet la famosa afirmación del borracho desinhibido «A mí se me pasa mañana» no se cumple: lo publicado llega lejos y no se borra. En ningún caso «se pasa mañana».

La desinhibición desemboca en dos tipos de conducta: excesiva exposición de la intimidad y abuso de terceros. En este capítulo hablaremos de los riesgos asociados a la intimidad, y en el próximo, de las agresiones y abusos sobre terceros.

Los adolescentes se relacionan continuamente a través de las redes sociales. De hecho, las redes se nutren básicamente de información y fotos personales. Así, para participar de la conversación digital el menor tiene que dar información propia, tiene que emitir permanentemente lo que está haciendo, lo que le gusta, lo que no le gusta, cómo se siente, etc. Hasta aquí, no parece haber problema. La generación que viene tiene una concepción de su identidad muy relacional, y no está tan preocupada como los *inmigrantes digitales* —sus padres— por su intimidad.

Las complicaciones aparecen en dos escenarios: cuando uno cuenta más de lo que debe o cuando uno se lo cuenta a quien no debe.

El primer caso se produce cuando un adolescente —o un adulto— se arrepiente de haber contado demasiadas cosas. Esto normalmente afecta a las chicas, en relación con contenidos o imágenes íntimas. A las chicas les gusta resultar atractivas, y para ello a veces se crea una suerte de competición a ver quién enseña más en la Red —y fuera de la Red—. Algunas adolescentes con problemas de autoestima o ganas de destacar recurren a esta (antigua) técnica como forma de conseguir reconocimiento. El problema es que el alcance de estos mensajes no se puede controlar. No es infrecuente que los chicos que reciben esas imágenes las enseñen a sus amigos, para presumir de su conquista, o simplemente para humillar a la chica en cuestión. Además, es fácil que las relaciones sentimentales a esas edades terminen en discusiones y malentendidos. En estos casos, puede suceder que la parte despechada proceda a compartir las imágenes de la otra persona, como una suerte de venganza. De todas formas, este tipo de exhibiciones no es exclusivo de las chicas. Los chicos a veces también incurren en acciones similares, ya sea mediante imágenes sensuales o eróticas, o mediante la revelación de otras intimidades que posteriormente salen a la luz. Dejando a un lado el tema del erotismo, podemos pensar en mensajes en los que se presume de haber infringido alguna norma, copiado en un examen, o bebido mucho una noche. Ese contenido queda en la Red, y quizá a la larga pueda resultar perjudicial. Hace no muchos años, el subdirector de un colegio se hizo famoso porque al buscar su nombre en Google, uno de los primeros resultados que arrojaba el buscador informaba de una multa que le habían puesto por orinar en la vía pública. Nunca los efectos de una micción fueron tan duraderos y dolorosos…

Si el primer error consistía en contar más de lo debido, el segundo es contar cosas a quien no se debe. En las redes sociales la gente colecciona amigos: cuantos más amigos, mejor; cuantos más seguidores, mejor. El problema surge si entre tus seguidores hay un depredador sexual, un viejo verde, o un maníaco. No hay muchos, pero alguno hay. Y además, sus perfiles no se llaman: «the green old man», «quiero verte el culo» o «chicuelo, me pones». Más bien todo lo contrario.

Contaré aquí una historia real: un conferenciante que habla de estos temas en colegios, para sensibilizar a los padres. Tiene un perfil falso en Tuenti —cuando Tuenti arrasaba entre los adolescentes—, con una foto de un chaval de quince años, rubiales y con buen aspecto. El lunes previo a dar una charla en un colegio

«Hola, ¿quieres ser mi amigo?».

solicita amistad a todos los chicos y chicas de catorce y quince años de dicho centro. El viernes le han agregado unos veinticinco. Lo cuenta en la sesión, los padres sonríen. «¿Queréis ver quiénes me han aceptado como amigo?». Silencio expectante. «¿Entramos en algún perfil?». Rictus de nerviosismo. Entra en dos perfiles de niñas del colegio; el tercero tiene que cerrarlo rápidamente porque encuentra un contenido incómodo. Era viernes. El lunes los padres de la criatura visitan el colegio y amenazan a la directora con emprender acciones legales por vulneración de la intimidad de su hija. La directora contesta: «Bien, si quieren denuncien. Pero no dejen de hablar con su hija».

En este sentido, conviene —sobre todo entre los doce y los quince años, y especialmente con las niñas— ser cautos con las personas a las que se agrega a la lista de amigos o con quienes se chatea. El clásico consejo que da una madre a su hijo la primera vez que le manda a la calle a comprar el pan, sigue plenamente vigente: «No hables con desconocidos». Además, también es oportuno repetirles bastante: «Si tienes cualquier problema en Internet, no dudes en contármelo a mí o a un adulto. No nos vamos a enfadar pase lo que pase. De verdad». En ocasiones, los adolescentes se meten en buenos líos, pero no son capaces de contarlo porque les da mucha vergüenza, con lo que las situaciones se enconan.

Aunque son riesgos bastante infrecuentes, no hay que ignorar que en ocasiones una sobreexposición de la intimidad puede dar lugar al acoso sexual del menor, con las consecuencias dramáticas que eso puede tener —depresión o incluso suicidio del menor, en los casos más graves—. Como padres, hay que saber que esas cosas suceden. Ahora bien, se trata de riesgos poco prevalentes: hay millones de adolescentes en Internet compartiendo cosas que quizá no deberían, y solo unos pocos sufren este tipo de agresiones o abusos. Sin quitar una pizca de importancia a esos tristes casos, quiero subrayar que, aunque normalmente los menores no vayan a sufrir estos abusos, una sobreexposición de la intimidad no les va a ayudar en absoluto. En casos puntuales, puede ocasionarles graves disgustos; en la mayoría de los casos, la necesidad de exponer su intimidad debilita su personalidad.

Para educar a un hijo o hija sobre qué es bueno compartir y qué no, no estaría mal de vez en cuando entrar en sus perfiles en redes sociales, o ver las fotos que tienen en su móvil. Con ellos, claro. No se trata de espiarles.

Casi siempre, el exhibicionismo —ya sea físico o sentimental-— responde a la necesidad de atención, y refleja un bajo dominio de uno mismo.

Para educar a un hijo o hija sobre lo que es bueno compartir y lo que no, no estaría mal entrar en sus perfiles en redes sociales de vez en cuando, o ver las fotos que tienen en su móvil. Con ellos, claro: no se trata de espiarles. También se les puede seguir en la red social de turno. Se trataría de decirles: «Oye, ya que pasas tanto tiempo en Instagram, en grupos de Whatsapp… ¿por qué no me enseñas lo que haces?».

Probablemente el hijo adolescente no se entusiasme ante nuestra propuesta. Un adolescente está creando su propia intimidad, distinta de la de sus padres, y suele defender celosamente su área de autonomía. Es bueno que así sea. Sin embargo, hay que explicarle que nos interesa lo que hace, y que queremos ayudarle. Que al igual que le preguntamos con quién sale por las tardes, o a dónde va, es natural que nos interesemos por el uso que hace de Internet. Podemos explicárselo así: «No es que quiera controlarte, es que me intereso por ti y quiero ayudarte. ¿Te gustaría que cuando salieras a la calle no te preguntara a dónde vas, qué haces ni con quién vas? ¿Qué tipo de padre hace eso? Pues con Internet pasa lo mismo».

La idea es acompañar hasta que podamos fiarnos totalmente. Es imprescindible que se hable de estos temas en casa. Igual que una familia normal no permite que su hijo blinde su habitación con una tranca en la puerta, y se oponga a que nadie entre allí sin su permiso —salvo para llevar la ropa limpia y planchada—, tampoco deberíamos permitir que Internet se convierta en un coto cerrado al que los padres no tengan acceso alguno. Tienen que ver que no somos curiosos o fisgones, sino que lo que queremos es ayudar y aconsejar.

¿Cuál es el valor que podemos promover para contener la desinhibición y la inconsciencia digital? El autodominio. La obsesión por la desinhibición se combate con disciplina, con el autodominio. Es verdad que no es la característica más destacada de un adolescente, sino más bien todo lo contrario, pero hay que conquistarla poco a poco: se trata de mantener los sentimientos bajo control y de ser dueños de nosotros mismos.

Contar cosas a los demás está bien y compartir es necesario. Sin embargo, hay que saber que ciertas cosas son mías, para mí, y forman parte de mi intimidad. La capacidad de reservarlas —y de ofrecerlas en el contexto que yo quiera, a las personas que lo merecen— me hace ser dueño de mí mismo. Lo mismo pasa con la intimidad corporal: no es malo mostrarse atractivo. Pero enseñar nuestras intimidades en Internet o a través de las nuevas tecnologías, además de no ser sensato, no debería ser una forma de reclamar atención, cariño o amor. Quien nos mire o atienda por esas imágenes, no nos quiere bien.

Reivindiquemos para las cosas importantes esa cultura del secreto, con su sabor característico – cada amigo, cada situación, cada reacción-, frente a la información homogénea, vocinglera e impersonal de los altavoces digitales.

Para fomentar el autodominio es bueno repetir a nuestros hijos que lo que se comparte en Internet es o puede llegar a ser público. La pregunta mágica antes de publicar algo es: «¿Harías esto en la calle? ¿Delante de todo el mundo?».

Si la respuesta es sí, que lo haga también en Internet, que lo diga por Whatsapp. Si es no, que no lo comparta. Si no tiene inconveniente en ir en bikini en la playa, que suba la foto a la Red, no hay problema. Ahora, si no iría en calzoncillos o sujetador por la calle, que no lo haga por Snapchat o Facebook. Y lo mismo con los comentarios y mensajes que envíe.

Frente a la sed de reconocimiento y a la desinhibición en la Red, el reto es educar chicos y chicas con autodominio. Que cuenten cosas a través de las redes, como es normal, pero que tengan el criterio suficiente para distinguir qué cosas —superficiales— pueden compartir *online*, y cuáles —las más trascendentales y bonitas de su vida— no deben publicitar a los cuatro vientos. Esas cosas tan importantes, *sus* cosas, son para contar personalmente a aquellas personas que les quieren.

Hace muchos años leí en un libro sobre la Navidad una definición de la palabra «secreto» que me gustó mucho, y que se puede aplicar aquí: *un secreto es algo que puedo contar a mucha gente, pero en voz baja y siempre de uno en uno*. Reivindiquemos para las cosas importantes esa cultura del secreto, con su sabor característico —cada amigo, cada situación, cada reacción—, frente a la información homogénea, vocinglera e impersonal de los altavoces digitales.

8 ideas para surfear la ola de la desinhibición

1 Anima a tus hijos a que no publiquen nada en Internet que no querrían que toda la gente supiera y que no digan por e-mail ni por Whatsapp cosas que no les gustaría que pudiera leer todo el mundo (especialmente, la persona sobre la que están hablando).

2 Aplícate personalmente el consejo del punto anterior.

3 Antes de mandar un mensaje algo comprometido, piensa: «¿Es posible que en el futuro me arrepienta de haber dicho o haber enviado esto?». Si la respuesta es afirmativa, no lo hagas.

4 Haz un esfuerzo por mantener algunos aspectos de tu intimidad reservados para contar a amigos y familiares, sin la mediación de una pantalla. Que todos lo sepan todo de ti no ayuda a crear un mundo interior propio.

5 Revisa de vez en cuando con tus hijos más pequeños su lista de seguidores y amigos, y anímales a depurar aquellos que ya no recuerdan quiénes son.

6 También puedes revisar sus publicaciones y comentarlas o evaluarlas con ellos.

7 Pregúntales a qué dedican el tiempo en Internet, y visita con ellos —si te dejan— algunos perfiles. Por ejemplo, los de sus mejores amigos o los de chicos o chicas que les caen mal... Y comentad qué publicaciones son simpáticas, cuáles son aburridas y cuáles pueden estar fuera de lugar.

8 Repite en casa alguna que otra vez: «Cualquier lío que tengas en Internet, no dejes de contármelo. Intentaré ayudarte y no me voy a enfadar, pase lo que pase». (Tampoco lo repitas excesivamente, para no parecer un paranoico).

Vídeo recomendado

«Antes de colgar tu imagen en la web... piénsalo».

Anuncio del Defensor del Menor de la Comunidad de Madrid, que fomenta la sensatez antes de subir una imagen a Internet. Aunque tengamos la sensación de que controlamos el alcance de una imagen, muchas veces su difusión escapa de nuestro control. El vídeo tiene ya unos años, pero es todo un clásico.

La frase más estúpida del mundo

7

Frente al acoso

Valentía

Me hacen gracia los famosos que en las entrevistas dicen: «No me arrepiento de nada». Me parece la frase más estúpida del mundo. También es genial quien, preguntado sobre su principal defecto, responde con seguridad: «Soy demasiado humilde» o «Soy muy perfeccionista». Unos figuras... El «no me arrepiento de nada» me parece toda una sandez porque todos nos equivocamos, y lo mejor que uno puede hacer cuando se equivoca es arrepentirse, pedir perdón, y seguir adelante. Quien no se arrepiente de nada, o es perfecto o es tonto.

Personalmente, una de las cosas de las que más me arrepiento es de no haber defendido más a algunos compañeros del colegio a quienes otros hacían la vida imposible. Es verdad que nunca me burlé de ellos y normalmente les consolaba y acompañaba, pedía respeto para ellos y les invitaba a mi cumpleaños… Pero alguna vez que quizá debí haber gritado, insultado o peleado para defenderles, no lo hice. Por cobarde. Y ahora me arrepiento.

En este capítulo voy a hablar del riesgo del acoso escolar y de los insultos en Internet y a través de los grupos de Whatsapp. Es un riesgo que tu hijo puede sufrir como víctima o como actor. Recuerda que, como dice Manzoni en *Los Novios*, «es peor cometer una injusticia que padecerla». Tanto el que insulta como el insultado resultan perjudicados, cada uno de una forma.

El maltrato escolar y el acoso digital, conocido también como *ciberbullying*, es una de las actitudes más lamentables de nuestra sociedad. Y aun siendo menos grave, también es triste lo extendido que está hablar mal de otras personas a través de mensajes de texto.

Cualquier persona puede ser objeto de burla *online*: compañeros, conocidos, profesores, amigos de amigos, famosos, famosetes y famosillos, desconocidos… La lista es interminable. Los insultos a través de las redes sociales o los móviles son especialmente cobardes: el agresor está en su casa, en su sofá, en su bañera, por lo que no se expone en absoluto. Muchas veces, además, se insulta desde el anonimato de una cuenta falsa, con la protección de un avatar.

El acoso *online* es especialmente dañino para la víctima. Mientras que el acoso escolar se circunscribe al horario y al espacio del colegio, el acoso *online* no conoce límites: los insultos llegan a todas horas, se llevan en el móvil, en el bolsillo y alcanzan cualquier lugar donde haya una conexión a Internet. No hay posibilidad de escapatoria. Esto genera una gran indefensión: conozco dos adultos que han sufrido algo así, y los dos me contaban que la sensación de angustia que se sufre es, sencillamente, infernal. Si eso es lo que sienten dos adultos hechos y derechos, imaginemos cómo lo vivirá un menor.

> *Ojalá que, frente a las dinámicas de insulto y acoso, seamos capaces de educar adolescentes valientes y con personalidad.*

Ante este tipo de actuaciones lo sorprendente es por qué el resto de compañeros no interviene. ¿Por qué los menores no frenan estas espirales? Muchas veces, por vergüenza. No saben cómo hacerlo. Se dejan llevar por el grupo. Y los compañeros más crueles llevan la voz cantante… Sin embargo, en la respuesta de los iguales está la clave para frenar el acoso, como tienen demostrado los países nórdicos, que luchan contra esta lacra de forma bastante solvente.

Aunque Arturo Pérez-Reverte no es santo de mi devoción, a veces le leo en *El Semanal*. Hace unos años escribió un artículo genial, titulado "Gilipolleces", en el que criticaba las reacciones sentimentaloides al suicidio de una chica que sufría acoso escolar en el norte de España. Pérez-Reverte venía a decir que, en lugar de encender velitas en la puerta del colegio, recortar corazones rojos y darse abrazos lacrimógenos, los compañeros bien podrían haber hecho algo antes. Y es verdad: casi todos los que estaban impactados por el suicidio y mostraban su sorpresa y su rechazo conocían la situación que esa persona estaba atravesando… y no habían hecho nada. A toro pasado, todos somos Manolete. Es fácil encender una vela y decir: «Nunca te olvidaremos». Lo difícil es salirse de un grupo de Whatsapp, defender a la víctima o plantar cara al matón de turno. Y de eso se trata, no de encender velas y poner lazos negros en nuestro perfil de Facebook.

Ojalá que, frente a las dinámicas de insulto y acoso, seamos capaces de educar adolescentes valientes y con personalidad, capaces de:

1. No insultar nunca a nadie (ni en persona, ni por Internet, ni por grupos de Whatsapp).
2. Oponerse a estas dinámicas en los grupos en los que están, incluso abandonando el grupo.

Por un lado, no insultar. Es normal que todos conozcamos canallas, cretinos, y gente a la que no podemos ni ver (normalmente constituyen el 10% de la gente que tratamos; si en tu caso superan el 50%, acude a un psiquiatra). También todos tenemos días malos, en los que todo nos pone de mal humor (de nuevo, estos días suelen ser un 10%; si superan el 50%, acude a tu psicólogo). Ahora, que tengamos un mal día o que alguien nos caiga mal —o que, directamente, sea un idiota— no justifica el insulto. Lo maduro y elegante es aguantar el mal humor o el rechazo natural que sentimos, y tratar a esas personas con educación y respeto. Y si no somos capaces de ello, ignorarles. Cada uno por su camino.

Ojalá tu hijo no se conforme con tratar bien a todos y nunca humillar a nadie, sino que dé un paso más y dé la cara por todos, aunque suponga exponerse y asumir riesgos.

El insulto no es forma de tratar a nadie. Y quien no lo entienda es un imbécil... Esta es una primera lección para nuestros hijos. Lo que ya es para nota —pero de eso se trata, nadie debería educar a su hijo para que saque un cinco pelado— es ni siquiera permitir que delante de nosotros se hable mal de nadie. Y eso también en Internet, en los grupos de Whatsapp, etc.

Si tu hijo aprende a defender a los débiles frente al acoso,
quizá sea la lección más importante que aprenda durante sus años
de colegio. Y si a veces hacerlo le cuesta un cachete o un empujón
del matón de turno, presumirá del mismo toda su vida.

Para un adolescente, llevar la contraria en un grupo resulta difícil. E irse del grupo, si la espiral no se corta, más todavía. Supone salir de la manada, singularizarse. Aunque les cueste, debemos exigírselo. Y también que vayan por delante. En el caso de que seamos nosotros quienes tengamos que pedir orden en un grupo, defender a alguien que no está o salirnos si se trata con injusticia a alguien, no estaría mal que lo contásemos en casa: «Hoy me he enfadado con los amigos del trabajo porque estaban poniendo verde a un antiguo compañero en el grupo de Whatsapp». O bien: «Me he ido de este grupo de Whatsapp de padres del fútbol, porque no dejan de hacer comentarios groseros».

Así, como quien no quiere la cosa. Y entonces quizá nuestro hijo nos imite y haga lo mismo en sus grupos. Les va a resultar difícil, pero debemos exigírselo. «Tú no hables mal de nadie. Si alguien te cae mal, trátale con respeto. Y si no puedes o no quieres, ignórale. Y además, delante de ti no se debería hablar mal de nadie». Eso forma adolescentes con personalidad, valientes, capaces de frenar las injusticias: el tipo de amigos que nos gustaría tener a todos. No importa que el valiente se quede un poco solo en algún momento, porque a la larga son el matón y el cobarde quienes pierden a sus amigos.

Ojalá tu hijo no se conforme —como hice yo— con tratar bien a todos y nunca humillar a nadie, sino que dé un paso más y dé la cara por todos, aunque suponga exponerse y asumir riesgos. ¡Qué orgullo ser padre de un chico así!

4 ideas para surfear la ola del acoso

1 Pregunta a tu hijo o hija de vez en cuando quiénes son los chicos más solitarios de la clase, y anímale a que les trate bien. Pregúntale si alguien les humilla o se ríe de ellos, y dile que ojalá él —o ella— les defienda, como tiene que ser.

2 No hables nunca mal de nadie. Y que en tu casa no se hable mal de nadie. Es un ejemplo que a tus hijos les quedará para toda la vida.

3 Si ves alguna noticia de acoso escolar, puedes dejar caer el comentario: «Un par de desgraciados y veinte cobardes», o algo por el estilo. Y explica que suele ser así: tres malotes y mucha gente que no se atreve a dar la cara por los otros.

4 Aprende y enseña que, cuando uno está enfadado, hay que tener cuidado con lo que se dice y, sobre todo, con lo que se escribe, porque queda. Cuidado con las contestaciones de e-mail o de Whatsapp en caliente: muchas veces nos arrepentimos de haber escrito algo cuando ya es demasiado tarde.

Vídeos recomendados

«La historia de Amanda Todd» (con subtítulos en español)

Este vídeo fue compartido por Amanda Todd, una adolescente americana, semanas antes de suicidarse. En el vídeo cuenta su historia de acoso a través de Internet, utilizando cuartillas que va pasando en silencio. Su historia es una de las más tristes historias de acoso sexual y escolar. Aunque es un vídeo triste, resulta interesante verlo para conocer cómo se desarrolla la espiral del acoso en Internet, partiendo de conversaciones con desconocidos que la menor nunca debió haber comenzado.

«Se buscan valientes»

Rap de El Langui contra el acoso escolar, cuyo *leitmotiv* es precisamente: «Se buscan valientes». Más allá del valor melódico o instrumental del tema —que no discuto por mi total desinterés por el rap—, su mensaje coincide plenamente con el propuesto aquí: frente al acoso, se buscan valientes.

Don Quijote, un mono, Alejandro Magno y un salmón

8

Frente a las adicciones

Libertad

Cuando voy a los colegios e institutos a hablar de cómo hacer un uso inteligente de la tecnología, siempre comienzo con una pequeña encuesta, que consta de tres preguntas:

1 ¿Quién de vosotros lo último que hace por la noche antes de dormirse es mirar el móvil para escribir o ver si tiene un mensaje?
2 ¿Quién de vosotros lo primero que hace por la mañana, antes de salir de la cama, es mirar el móvil?
3 ¿Quién de vosotros, una vez que ya está medio dormido, si intuye que el móvil ha vibrado o parpadea, abre con dificultad los ojos, se despabila, y mira a ver si ha llegado algo?

Supongo que a estas alturas del libro no es preciso que señale cuál es la respuesta que recibo. Todos asienten y se ríen.

Si Don Quijote se dormía y despertaba pensando en Dulcinea, los adolescentes lo hacen pensando en el Whatsapp y en el móvil. Sin exagerar, hay que concluir que para ellos el teléfono —y la conexión— es el objeto más importante de su vida. Esto debería darnos que pensar.

Don Quijote, versión 2017: «Del mucho tuitear y el poco dormir se le secó el cerebro».

En este penúltimo capítulo quiero hablar de la *nomofobia*: la adicción a las tecnologías y al móvil. De unos años a esta parte, psicólogos y pedagogos observan con cierta sorpresa cómo los síntomas asociados tradicionalmente a las adicciones empiezan a aparecer en ciertas personas cuando no tienen acceso a Internet. Entre estos síntomas podemos señalar:

—Síndrome de abstinencia (mono) cuando no se puede acceder al objeto de la adicción.
—Abandono de otras aficiones.
—Dependencia emocional respecto de la adicción.
—Mentira y engaño a familiares y amigos para acceder al objeto de la adicción.
—Violencia o agresividad cuando se les pretende privar de la adicción.
—Debilitamiento de las relaciones personales.
—Necesidad de estímulos y cantidades cada vez mayores para satisfacer su adicción.

Como cualquier otra adicción, la nomofobia es negativa para los menores —y para los adultos, cuidado—, en la medida en que supone una pérdida de libertad y una permanente fuente de ansiedad.

Sin bajar a ejemplos extremos —como el del menor ingresado en un hospital para curar su obsesión por los *selfies*, a los que dedicaba diez horas diarias—, me gustaría poner algunos ejemplos de nomofobia, adicción que amenaza en convertirse en una pandemia en nuestras sociedades hiperconectadas:

Como cualquier otra adicción, la nomofobia es negativa para los menores –y para los adultos, cuidado–, en la medida en que supone una pérdida de libertad y una permanente fuente de ansiedad.

—Personas que cada vez que no saben qué hacer o están esperando algo o a alguien, sacan el móvil para tener algo entre las manos.
—Personas que están viendo una película, descubren que no tienen el móvil, y paran la película para buscar el teléfono.
—Gente que antes de irse a dormir (son las doce de la noche) entra en el mail del trabajo «por si acaso». ¿Por si acaso qué?
—Personas que pierden la cobertura o los datos y vagan como zombis mirando la pantalla buscando conexión.
—Gente que lo primero que pregunta en una gasolinera es: «Perdón, ¿hay wifi?».
—Personas que cuando llega un mensaje o una notificación dejan inmediatamente de hacer lo que están haciendo para ver qué ha pasado.

Estas situaciones, que pueden parecernos normales o incluso graciosas, en el ámbito educativo plantean problemas no pequeños. Vamos con ellos.

«Me quedo sin batería… ¿Voy a morir?».

El primero es la extensión de la ansiedad y de la impaciencia: Internet acostumbra a los menores a obtener lo que quieren de forma inmediata, con un clic. También les acostumbra a estar siempre conectados, compartiendo cosas. De esta forma, cuando no tienen conexión, o tienen que esperar para conseguir algo, se tornan impacientes y padecen ansiedad. Y es una pena, porque en esta vida, además de saber relacionarse y hacer cosas, hay que saber también estar solo, estar tranquilo, esperar.

Un segundo problema es la presión social y el control que los demás pueden ejercer sobre nosotros. Y ello porque frecuentemente la adicción de los demás compañeros nos afecta. ¿Quién no ha recibido protestas como las siguientes?: «Estabas en línea y no me contestaste»; «Te mandé un mail hace dos horas y no me has respondido»; «Leíste el mensaje y me contestaste dos horas después…».

De esta forma, los demás pueden pretender imponernos sus pautas de consumo compulsivo y asfixiante de la tecnología. En ciertas relaciones de amistad o de pareja entre adolescentes, este tipo de control puede desembocar en formas de presión psicológica negativas.

Otro problema importante de la nomofobia tiene que ver con el descanso. Hay padres que van a los colegios y protestan: «Desde hace unos meses nuestro hijo ha empeorado mucho en las notas. Creemos que en el colegio no le están tratando bien, no han dado con la tecla». Y la profesora contesta: «¿Tiene agregado a su hijo al Whatsapp? Revise sus horas de última conexión. Esa es la tecla que hay que tocar». Si un menor no descansa, si no duerme porque está con el teléfono, bajará enormemente su rendimiento académico. Y eso le afectará psicológicamente de forma grave. Lo dicen los psicopedagogos, no yo.

Cuarto peligro asociado con la adicción: el juego *online*. Afecta más a los chicos que a las chicas. Apostar es divertido, y magnifica las experiencias. Mi hermana me lo contaba así: «Fuimos al hipódromo con los niños. Allí ves caballos, ves

> *Pues bien, frente al riesgo de la adicción hay que educar en la libertad. En la libertad de dominar la tecnología, de ponerla a nuestro servicio y utilizarla, sin ser manejados por ella.*

carreras... Cuando mejor te lo pasas es cuando apuestas dos euros a un caballo: de pronto tienes interés real en lo que está pasando, y una buena dosis de adrenalina. Te da igual perder, pero, si ganas, el subidón es tremendo». *So far, so good.* Pero cuidado: hay adolescentes que se vician con las apuestas *online* y se vuelven bobos. En lugar de ser un hobby divertido cada tres meses, se convierte en una preocupación y una evasión diaria; terminan más centrados en quién hace la primera falta en el partido Southampton-Chelsea, de la Premier League, que en lo que pueda necesitar su padre al llegar a casa.

Otro de los problemas, que ya ha salido de mil formas en lo que llevamos de libro, es la dificultad de prestar atención a algo, porque el móvil o Internet reclaman nuestra atención. Esto, de alguna manera, es otra forma de adicción. Es triste que muchas veces encendamos el ordenador o cojamos la *tablet* para trabajar, y seamos incapaces de no entrar en ciertas páginas (ya sea el periódico, un diario deportivo, o el correo electrónico). Reconozcámoslo: somos adictos a las distracciones.

Frente al riesgo de la adicción hay que educar en la libertad: la libertad de dominar la tecnología, de ponerla a nuestro servicio y utilizarla, sin ser manejados por ella.

Como todos somos un poco adictos, el camino educativo pasa por la *desintoxicación,* tarea que me temo que va a ser una lucha de toda la vida.

Aunque no hay que excluir totalmente las terapias de choque, en las que quitamos el móvil o Internet a nuestros hijos durante una temporada, lo normal será hacer esfuerzos por mantener el uso dentro de lo razonable, haciendo lo que podríamos llamar «ayuno digital». Como quien tiene tendencia a engordar y se pasa la vida luchando contra la báscula con deportividad, vigilando el pan y el chocolate y haciendo deporte, todos tenemos que vigilarnos el sobrepeso digital permanente y crónico. Debemos tratar nuestra adicción y embarcar en esa empresa a nuestros hijos. El ayuno, la dieta de adelgazamiento digital, nos hará dueños de las herramientas y no esclavos de ellas.

Nadar contra corriente, enfrentarnos con la ola de la adicción, es la única forma de defender nuestra libertad.

Plutarco atribuye a Alejandro Magno una cita que nos viene estupendamente: «Lo que has recibido, para poseerlo, habrás de conquistarlo». Y es así. Para realmente poseer la tecnología, hemos de conquistarla. Hemos de demostrarle —y, sobre todo, demostrarnos— «quién manda aquí». Como un caballo desbocado, Internet y la tecnología intentan llevarnos a mil y un sitios, sitios a los que muchas veces no teníamos previsto ir. Mediante el ayuno y el autodominio es como domaremos a este caballo, de forma que seamos nosotros quienes mantengamos el control. Y así seremos libres de hacer lo que queramos.

Dicen que los salmones se pasan la vida nadando contra corriente para mantenerse en el mismo sitio (el dato lo sé más por Andrés Calamaro que por Jacques Cousteau, así que interprétalo de modo abierto…). Por lo visto, cuando un salmón se deja arrastrar por la corriente, nada irremediablemente hacia su muerte. Nosotros tenemos que ser como los salmones. Frente al riesgo de la nomofobia, de dejarnos arrastrar por la adicción, hemos de nadar contra corriente. Siempre.

Nadar contra corriente, enfrentarnos con la ola de la adicción, es la única forma de defender nuestra libertad.

8 ideas para surfear la ola de las adicciones

1 Proponte y propón a tus hijos no entrar durante una temporada en ciertas páginas prescindibles: «Esta semana no voy a leer la prensa deportiva», o «No voy a subir ninguna foto a Instagram». Es una forma muy buena de demostrar que podemos prescindir de lo prescindible.

2 Limita el número de veces que entras en un sitio cada día. Aunque lo hacemos, no tiene sentido entrar dieciséis veces al día en el mismo diario.

3 De vez en cuando, retrasa el envío de un mensaje. O no lo envíes.

4 Cuando te llegue un mensaje, en ocasiones es bueno decir: «Luego lo leeré». Normalmente lo que estás haciendo es mucho más importante que el mensaje. Tú decides cuando lees los mensajes. No te dejes avasallar. Enséñalo así en casa.

5 Fíjate ciertos horarios, y fíjalos en tu casa: «No miro el correo hasta las doce»; «a partir de las diez de la noche en esta casa se apagan los móviles»; «durante las comidas no se atiende el teléfono»; «a las siete y media quiero un zumo de naranja y un cruasán en la cama…» (a ver si cuela).

6 Busca otras formas de hacer ayuno digital: establece un día sin móvil, sal a la calle sin él, apágalo mientras ves una película, no te pongas a buscarlo como un loco si descubres que no lo llevas encima, etc.

7 Desactívate el mayor número posible de notificaciones del teléfono y del ordenador. Puedes vivir sin ellas.

8 Lucha contra el síndrome de Diógenes digital: gente que conserva todo tipo de películas, canciones y documentos en soporte digital. Libérate. Borra esas quinientas películas que nunca has visto, esos diez mil libros digitales que te envió tu cuñado de Aragón, esa discografía de Ramoncín…

Vídeos recomendados

«Get off the phone»

Divertida canción de los humoristas americanos *Rhett and Link*, con el estribillo: «*Get off the phone, it's gonna be all right*». La canción y las situaciones que retratan están muy conseguidas.
Tiene más de diez millones de reproducciones.

«Vaya semanita – Perros lazarillo, para usuarios de Smartphone»

Sketch humorístico del programa *Vaya Semanita*. Frente al engorro de tener que desconectar del teléfono móvil para atender a las aburridas cosas que pasan fuera de la pantalla, nada como un perro lazarillo. Tiene su gracia…

¿Y qué dicen los subtítulos?

9

Frente a la mala educación

Elegancia

El diccionario de la Real Academia define la palabra «pandemia» como «enfermedad epidémica que se extiende a muchos países o que ataca a casi todos los individuos de una localidad o región». Me parece la palabra más precisa para definir la ola de mala educación que está llegando a todos los niveles en relación con los teléfonos móviles. Lo preocupante es que hayamos llegado a acostumbrarnos y a resignarnos, y que cada vez nos parezcan más normales acciones que son verdaderas faltas de educación.

Mencionaré tres, que son los principales síntomas de esta nueva pandemia tecnológica de malos modales:

1. Interrumpir a quien habla para atender el teléfono, ya sea para responder una llamada, leer o escribir un mensaje.
2. Hablar con alguien mientras miramos la pantalla del móvil y atendemos a otra cosa.
3. Distraernos en la mesa con conversaciones paralelas a través del teléfono.
4. Fuera de concurso (y menos relacionada con la educación de los niños), no me resisto a incluir una falta de educación que todos hemos sufrido más de una vez: la del viajero que se pasa el trayecto de tren o autobús hablando en voz alta por el teléfono, dando la paliza a todo el pasaje, que ya no sabe qué hacer. (Desde aquí mi más sincera felicitación a Renfe por el invento del vagón silencioso, que nos permite escapar de la plaga del gritón telefónico trashumante).

Pandemia me parece la palabra más precisa para definir la ola de mala educación que se extiende a todos los niveles en relación con los teléfonos móviles.

Obviando el último supuesto, las primeras tres faltas de educación mencionadas bien podrían subtitularse con las siguientes frases —que es lo que inconscientemente pensamos cuando las admitimos—:

«En efecto, su hijo ha sido infectado por la pandemia tecnológica.
¿No se habrá contagiado en casa? En fin, dejemos eso...
Que no cunda el pánico, existe vacuna».

1 «Perdona, pero no me interesa mucho lo que me estás contando. Esta otra cosa —que ni siquiera sé qué es, por cierto— me interesa más. Espera que vuelvo contigo en un segundo, ¿vale, campeón?».

2 «Sigue hablando. No es que no me interese nuestra conversación. Lo que pasa es que no me interesa demasiado. A ver si complemento con el móvil tu falta de interés. Pero no te ofendas, ¿eh?».

3 «Menudo tostón de comida me están dando estos tíos. A ver si me distraigo un poco con el móvil y esto acaba cuanto antes. Ojalá en vez de estar con esta gente estuviera con mis amigos...».

Estas faltas de educación adoptan las más diversas manifestaciones: unas son muy sutiles, como mirar disimuladamente el teléfono, como quien no quiere la cosa; otras son directas y sin complejos, como responder el teléfono sin pedir siquiera disculpas al interlocutor, que se queda sencillamente plantado; o decir a la persona con quien se está hablando «Sí, sí, dime, que te atiendo», mientras se mira concentrado la pantalla del móvil y se teclea con frenesí…

De un tiempo a esta parte observo con inquietud lo que se podría denominar como el «síndrome del Inspector Gadget»: gente que cuando recibe un mensaje —ya sea de móvil o mail— tiene la necesidad de leerlo *ipso facto*, quién sabe si por miedo a que el mensaje vaya a caducar, desvanecerse o, en el peor de los casos, autodestruirse.

Hace poco un amiga mía profesora me contaba que cada vez es más frecuente que durante las tutorías con padres en el colegio, el padre o la madre reciba una llamada y la atienda sin pedir siquiera permiso o disculpas. Al colgar, unos minutos después, suelen decirle: «Perdona, ¿por dónde íbamos?». Mi amiga me decía que ella ya se lo toma a risa, y que en esas situaciones siempre está tentada de hacer una de estas tres cosas:

A) Responder: «Íbamos por cuando os decía que ahora entiendo por qué vuestro hijo es un maleducado».
B) Sacar el teléfono, llamar a su marido, hablar con él cinco minutos de todo tipo de temas, colgar, y decir a los padres: «Perdonad, ¿quién era exactamente vuestro hijo?».
C) Decir muy seria: «Bien, saca un papel y copia treinta veces: *No cogeré el teléfono durante una tutoría*».

Como es muy educada, se limitar a sonreír y siguen con la tutoría…

Todas estas faltas de educación son cada vez más frecuentes, y tan frecuentes como vulgares. Estas actitudes no son solo faltas de educación, sino también faltas de respeto hacia la persona que tenemos delante, a la que debemos toda nuestra atención.

Pero eso no es todo. Poco a poco, el síndrome del Inspector Gadget y otros síndromes parecidos todavía por bautizar van empobreciendo las relaciones sociales y familiares. Si cualquier conversación o comida familiar puede interrumpirse para atender el teléfono, rara vez vamos a mantener conversaciones tranquilas, en las que todos estemos presentes y nos escuchemos. Y no basta con estar «de cuerpo presente», como un difunto: hay que prestar atención.

Si cualquier conversación o comida familiar puede interrumpirse para atender el teléfono, rara vez vamos a mantener conversaciones tranquilas, en las que todos estemos presentes y nos escuchemos.

Cuántas veces las redes sociales nos aíslan. Cuántas veces estamos conectados, pero solos... Paradojas de la tecnología.

Pongamos como ejemplo las comidas. Sentarse a la mesa con alguien es algo más que alimentarse juntos; se está compartiendo un tiempo con otras personas, a las que se aprecia y con quienes uno quiere relacionarse. El ser humano no abreva con sus congéneres en el mismo pesebre mientras va a lo suyo, sino que comparte la comida. Comer constituye un acto social, que hacemos con las personas a quienes queremos, y que requiere nuestra atención, nuestro cariño, nuestra conversación y nuestro esfuerzo. Por eso, las fiestas más grandes —como una boda o las Navidades— normalmente se celebran con una comida juntos. En este contexto, aislarse con el teléfono es un boicot a la reunión, un verdadero desprecio a los demás.

A este respecto, me parece muy acertada la siguiente afirmación: «Las nuevas tecnologías e Internet nos acercan a los lejanos al precio de alejarnos de los cercanos». Y es así. ¿Quién no tiene en mente la imagen de tres amigos en un bar, cada uno de ellos mirando absorto la pantalla de su móvil? ¿Quién no ha visto a familias que cenan juntas, cada uno mirando su pantalla y enviando mensajes a terceras personas?

Frente a la mala educación rampante y al aislamiento, tenemos que reivindicar la buena educación y la elegancia, que son formas básicas de respeto, y que preparan el camino para el encuentro con el otro, la amistad y el cariño.

Quien es incapaz de dejar a un lado el móvil mientras toma café con sus amigos o cena con sus padres, no disfrutará del mismo modo de esos momentos de encuentro. Irá de acá para allá, como una mariposa. Además, utilizar el móvil como forma de evasión cuando una conversación nos aburre o no nos resulta interesante, manifiesta fundamentalmente una cosa: egoísmo.

El adolescente que se pasa el día viendo qué ha hecho esa tarde su amigo, qué ropa se ha puesto la chica que le gusta, o qué ha subido a Instagram un famoso, no tiene tiempo ni ganas de preguntarle a su padre qué tal le ha ido el día o cómo está la abuela. Y se aísla. Pero ojo, el adulto que se pasa el día mirando en el móvil el mail del trabajo y respondiendo mensajes tampoco suele sacar tiempo para preguntarle a su mujer —o a su marido— por sus cosas, dar importancia a las preocupaciones de su hijo de doce años, o acordarse de felicitar por su cumpleaños a un hermano. «No he sacado tiempo», se dirá para justificarse. Claro, ¿cómo vas a sacarlo si estás todo el día mirando la pantallita? Uno saca tiempo para lo que quiere, las cosas como son. Y en esta última frase la palabra *quiere* también es sinónimo de *ama*. Siguiendo con la broma de los subtítulos, muchas veces debajo de «No he sacado tiempo» habría que subtitular la mítica frase de Rhett Butler en *Lo que el viento se llevó*: «*I don't give a damn*», o lo que es lo mismo: «Me importa más bien poco».

Frente a la mala educación rampante y al aislamiento, tenemos que reivindicar la buena educación y la elegancia, que son formas básicas de respeto, y que preparan el camino para el encuentro con el otro, para la amistad y el cariño. Las formas de elegancia no son vestigios versallescos de una época pretérita, formalista y algo hipócrita. Bien entendidas, y en su justa medida, son una muestra de aprecio hacia los demás. Si no voy en calzoncillos por casa y me rasco las axilas en la mesa, no es porque no me apetezca, ni porque sea un hipócrita reaccionario; es porque respeto a las personas con quienes vivo, y quiero hacerles la convivencia agradable.

Si la mala educación es una pandemia digital, la buena educación y la elegancia son la vacuna, la pócima mágica para no infectarse.

Tras un pormenorizado estudio, un grupo de investigadores de la Universidad de Alboraya ha descrito cuatro actitudes clave para atajar la mala educación en el panorama digital. Estas son las revolucionarias reglas que proponen:

1. Prestar toda nuestra atención a la persona con quien nos relacionamos.
2. Mirar a la cara a quien nos habla.
3. No interrumpir a nuestro interlocutor y ponernos a hacer otra cosa.
4. Durante las comidas, almuerzos, cenas o cafés, no mirar el móvil.

Bueno, está bien, es verdad: no hay estudio que valga. No hay sofisticadas y revolucionarias reglas. Tampoco hay universidad en Alboraya, por sorprendente que a estas alturas pueda parecer. Se trata de reglas de lo más elemental, que nuestros abuelos sabían, y que hacían cumplir. Nosotros tal vez ya no les damos tanta importancia, o bien somos unos cómodos y transigimos con su incumplimiento.

En fin, no nos desanimemos. Se trata de volver a empezar, de aplicarnos el cuento y hacerlo aplicar en casa. Hay que reconocerlo: es un gusto conocer adolescentes que te miran a la cara cuando te hablan. Tomar café con personas a las que les vibra el móvil encima de la mesa y lo ignoran, y siguen atentos a lo que les estás contando. O incluso —esto ya es sencillamente brutal—, conocer a alguien que recibe una llamada mientras está hablando contigo, y sin mirar la pantalla cuelga el teléfono como si tal cosa, para seguir atento a la conversación.

Hay que reconocerlo: es un gusto conocer adolescentes que te miran a la cara cuando te hablan. Y tomar café con personas a las que les vibra el móvil encima de la mesa y lo ignoran, y siguen atentos a lo que les estás contando.

Mientras las muestras de mala educación las subtitulábamos con frases como «paso de ti» o «lo lamento, pero me aburres», estas reacciones de cortesía digital llevan los siguientes subtítulos: «Eres importante para mí», «me interesa lo que me estás contando», «no quiero que nos interrumpan…». Es extraordinario, pero es lo mínimo que todos deberíamos hacer. Y podemos hacerlo muchas veces al día: cuando nos sentemos a cenar en casa, cuando tomemos un café con amigos, cuando saludemos al portero del edificio. No me cansaré de repetirlo: cualquier persona con la que estemos hablando merece toda nuestra atención.

Si nos esforzamos por tratar así a la gente, considerándoles importantes porque todos lo son, seremos personas corteses y respetuosas. Seremos una minoría, qué duda cabe. Seremos la excepción, frente a la extensión imparable de la pandemia. Pero nosotros, como los habitantes de la aldea de Astérix, tenemos la pócima mágica: la buena educación. Y, como los irreductibles galos, no pensamos rendirnos.

4 ideas para surfear la ola de la mala educación

1 Mientras hablas con otra persona no mires el teléfono. Educa para que no lo hagan tus hijos.

2 Si estás con alguien y recibes una llamada, lo apropiado es colgar el teléfono. Si la llamada es importante, siempre puedes decir a la persona con la que estás: «Perdona, es una llamada importante, tardo treinta segundos», y descolgar diciendo: «Hola, dime rápido, que estoy ocupado», o bien: «Luego te llamo, que estoy con otra persona».

3 En la mesa, durante las comidas, no hay móviles.

4 Fomenta las conversaciones y tertulias en la sobremesa. Mi hermana Luz hace años inventó el juego «mejor-peor»: cada uno tiene que contar qué ha sido lo mejor o lo peor del día, la semana, las vacaciones, etc. Es una buena idea, y suele funcionar. Hay un riesgo, claro, y es que tu hijo adolescente se arranque diciendo: «Para mí lo peor de hoy es tener que estar jugando a este estúpido juego…». Pero en fin, quien no arriesga no gana.

Vídeos recomendados

«I forgot my phone»

El vídeo es un pequeño corto que muestra cómo los móviles pueden aislarnos en las relaciones sociales, y cómo pueden llevarnos casi sin darnos cuenta a la mala educación.

«Coca-Cola Social Media Guard» (con subtítulo en español)

Anuncio del imaginario dispositivo «Guardián de las Redes Sociales», revolucionario invento del gigante americano para preservar las relaciones sociales cuando el uso de los dispositivos tecnológicos amenaza con aislarnos de nuestro entorno.

Conclusión: Disfruta de la ola

Llega el momento de acabar.

Nunca he sido amigo de las frases triunfalistas, del estilo de: «Somos los mejores, y lo sabes», o «Estamos destinados al triunfo». Más que con los ídolos olímpicos y los perfectos ganadores, como Roger Federer, Steffi Graff o Sherlock Holmes, para los que parece que ganar resulta sencillo, me siento identificado con los sufridores, como André Agassi, Arancha Sánchez Vicario o Kurt Wallander. También son héroes, pero son claramente vulnerables. Tienen que sudar la gota gorda para ganar, y a veces pierden.

Para un educador, esos referentes son mejores. Los buenos educadores no son padres o madres con una sonrisa perfecta, con todos los criterios claros y la ropa siempre planchada, a quienes sus hijos obedecen a la primera y sin rechistar (y que cantan en el coche las canciones de «Sonrisas y lágrimas»). No; los mejores educadores también dudan, sufren, se equivocan, y se enfadan por haberse equivocado. Pero quieren a los menores a su cargo, y siempre empiezan de nuevo.

Los mejores educadores también dudan, sufren, se equivocan, y se enfadan por haberse equivocado. Pero quieren a los menores a su cargo, y siempre empiezan de nuevo.

Como hemos repetido ya muchas veces, el camino de la educación digital es difícil, y está lleno de obstáculos. El tsunami que nos ha venido encima es enorme y nos va a dar muchos revolcones. Quien espere un camino triunfal, un paseo en barca, ya se puede ir olvidando. Vamos a equivocarnos, a tropezar, a enfadarnos y a fracasar muchas veces. Vamos a tragar mucha agua —por no actuar, por sobreactuar, o por actuar mal—. La corriente va en la dirección contraria, y para mantener nuestros principios no podremos dejar de remar, remar y remar. El mero hecho de remar, aunque nos parezca que estamos siempre en el mismo sitio, ya es un avance. Nos hace resistentes.

Es hora de pasar al ataque. Vamos a educar bien en Internet.
Vamos a vencer los peligros de la tecnología.

Hay una leyenda oriental que nos viene como anillo al dedo. Un joven quería educar su carácter y ganar en fortaleza, para lo que fue a visitar a un sabio monje que vivía en la cumbre de una montaña. (Curiosa querencia de los sabios orientales por las cimas de las montañas, que no pretendo discutir aquí). Tras conocer las intenciones del muchacho, el sabio le dijo: «Intenta mover esa piedra». La piedra tenía dimensiones gigantescas, con lo que a pesar de los repetidos esfuerzos del joven, tras varias horas de infructuoso trabajo, la piedra seguía exactamente en el mismo lugar. Al anochecer, el sabio dijo al joven: «Vuelve mañana, al alba». Al día siguiente, en lugar de proponerle un trabajo diferente, el sabio volvió a repetir: «Intenta mover esa piedra». Y al anochecer:

«Vuelve mañana, al alba». Cada día el joven acudía a la cita, esperando que el anciano le encomendase otra tarea, un reto más asequible y provechoso. Sin embargo, día tras día, el encargo era el mismo. Tras un mes de repetirse la rutina, el muchacho finalmente explotó: «No pienso volver. Esto es una tontería. La piedra no se ha movido ni un centímetro y llevo un mes empujándola». A lo que el sabio replicó: «Ahora eres mucho más constante y fuerte que el primer día que viniste. No hace falta que vuelvas mañana. Tu preparación está completada».

Con nosotros pasa lo mismo. Cada día hemos de intentar dominar la tecnología, mover la piedra, surfear las olas. Aunque al cabo de las semanas o los meses veamos que nos sigue costando, que los nueve riesgos que hemos descrito siguen acechándonos igual, habremos mejorado mucho. Estaremos en el camino de ser dueños de la tecnología.

Educar es la tarea más importante y más bonita del mundo, pero también la más difícil. Y uno nunca se jubila de ser madre o padre. Lo fácil en el ámbito digital —y en cualquier otro— es dejarse llevar y no exigir a nuestros hijos lo mejor. Es hacer de avestruz o de *observer*, como señalábamos al principio del libro. Ahora bien, ese camino es un fraude. Lo difícil es intervenir, acompañar, aconsejar, implicarse… Es más cansado y se sufre más, qué duda cabe, pero a la larga merece la pena.

Educar es la tarea más importante y más bonita del mundo. Pero también la más difícil. Y uno nunca se jubila de ser madre o padre.

Se atribuye a Aníbal la siguiente frase: «Las batallas las ganan los soldados cansados». Y es así. Esas victorias saben mejor. Todo lo que vale, cuesta. Ganar una etapa reina del Tour de Francia es glorioso. Ganar a tu primo pequeño una carrera en las afueras de tu pueblo es menos cansado, claro, pero no sabe igual de bien.

El reto que tenemos por delante es grande. Las nueve olas del tsunami digital siempre vuelven y revuelven. Son como las cabezas de Medusa, que a pesar de que las cortes, crecen una y otra vez. Estos peligros nunca desaparecerán del todo, estarán al acecho en cada esquina del mundo digital. Sin embargo, cada riesgo presenta un desafío, una meta por la que merece la pena esforzarse. Cuanto más alta es la ola, más podemos subir con ella y más podemos disfrutar deslizándonos sobre su espalda. Cada ola nos brinda una ocasión de hacer de nosotros y de nuestros hijos mejores personas.

Cuanto más alta es la ola, más podemos subir con ella y más podemos disfrutar deslizándonos sobre su espalda. Cada ola nos brinda una ocasión de hacer de nosotros y de nuestros hijos mejores personas.

1 Frente a la distracción permanente, queremos educar personas capaces de concentrarse y de trabajar bien.
2 Frente al aburrimiento, nos gustaría educar chicos y chicas con intereses, aficiones y pasiones.
3 Frente a la pasividad, queremos formar jóvenes sin miedo al esfuerzo, acostumbrados a utilizar su memoria y su imaginación.
4 Frente a los contenidos nocivos, aspiramos a educar rebeldes, gente con capacidad de resistir en sus principios.
5 Frente a la obsesión por la imagen, nos proponemos tener hijos auténticos y con personalidad.
6 Frente a la desinhibición y la inconsciencia, queremos educar en el autocontrol, en el dominio inteligente de los impulsos.
7 Frente a la cobardía del acoso digital, nos ilusiona formar adolescentes valientes, que nunca insulten y den la cara por los demás.
8 Frente a las adicciones, queremos educar personas libres, dueñas de la tecnología.
9 Y frente a la mala educación y el aislamiento, nos gustaría formar jóvenes elegantes y sociables.

Son desafíos ilusionantes, que no vamos a ver hechos realidad de la noche a la mañana. Requieren un esfuerzo, van a ser el fruto de un proceso. Siempre me han hecho gracia los anuncios de *Aprende inglés en 7 días*. Son falsos. (Por cierto, que resulta divertido constatar que ese tipo de publicidad semiengañosa no existe respecto del chino —haz la prueba en Google: nadie tiene tanta cara como para prometer que aprenderás chino en siete días—). No hay que engañarse: las cosas difíciles requieren tiempo. No hay atajos ni trucos ni recetas mágicas. La única receta, que no es mágica, es una mezcla siempre personal de cariño, exigencia y ejemplo. Y todo con una buena dosis de paciencia.

Nuestra sociedad está obsesionada por la meta, por el éxito, por el resultado. A muchos padres les encantaría poder decir: «Lo he conseguido: he educado a mis hijos en un uso sensato de Internet». Es lógico, pero este excesivo acento en el resultado, en el punto de llegada, puede hacernos olvidar una gran verdad: muchas veces lo mejor está en el camino. Prueba a decirle a un montañero: «Te subo al Everest en dos horas, en un helicóptero». Te dirá que no, porque el verdadero montañero no quiere solamente estar en la cima del Everest: quiere haberla conquistado. En la educación pasa igual: hay que disfrutar del camino que recorremos juntos, con sus momentos dulces y con sus malos tragos, en forma de malentendidos, peleas y fracasos. Por supuesto que queremos llegar a la meta, y vamos a llegar surfeando este tsunami. Pero no queremos olvidar que en el esfuerzo, en el camino juntos, está también la recompensa.

La única receta, que no es mágica, es una mezcla siempre personal de cariño, exigencia y ejemplo. Y todo con una buena dosis de paciencia.

Si has llegado hasta aquí en la lectura, probablemente estés inmerso en este tsunami digital con tus hijos, nietos, alumnos…

Te espera un oleaje bravo y salvaje. Tienes mucha suerte: la calma chicha no lleva a ningún sitio, los mares en calma no hacen marineros. Ármate de cariño, paciencia y valor, y decídete a disfrutar. *Surf's up!* Cada ola será nueva. Cada ola será, verdaderamente, un desafío apasionante.

Keep calm, surf's up!

AGRADECIMIENTOS

Como es de bien nacidos ser agradecidos, no quiero terminar el libro sin expresar mi agradecimiento a tantas personas que me han acompañado durante esta aventura del *Tsunami Digital*, y con quienes espero seguir compartiendo conversaciones, alegrías, proyectos (y aperitivos).

Gracias en primer lugar a Alex Catalá, quien sembró en mí hace ya casi diez años la preocupación por la educación de los menores en el mundo digital.

Gracias a Miguel Ángel Blázquez y a Marta Moreno, por ilusionarse desde el principio con el manuscrito, y sin quienes este libro nunca hubiera visto la luz.

Gracias a Marta Pellico, Loreto Fernández de la Puente y José Luis Colás, de iCmedia, por su impulso y apoyo. Ellos son los verdaderos culpables de que me pusiera a escribir estas páginas.

Gracias a los responsables de la Fundación Arenales, por apoyar el proyecto Tsunami desde que lo conocieron. Su visión de la educación, innovadora y positiva, está en plena sintonía con el mensaje de este libro.

Gracias a quienes me han ayudado a pulir y mejorar el texto: a José María Tosar, Mercedes Fernández Castiella, Víctor Romero, Tito Payá, Gonzalo García Manglano, Mariano Valdés, Luz Martínez, José Ángel Cuadrado, José Antonio Ochoa, Amparo Villalonga, Pau Xipell, Gonos Jiménez Andrade, Luis Martínez Otero, Alex Fernández Lacave y Luis Miralles.

Gracias a Pupe García Sorribes, a Zulema Pérez y a Emilio Gómez Roselló, por su compañía y su paciencia durante decenas y decenas de charlas en colegios e institutos, dirigidas tanto a padres como a adolescentes.

Gracias a Leopoldo Abadía, por animarse a escribir un prólogo tan simpático y cariñoso.

Gracias a Fernando Leandro, verdadero jedi tecnológico, por sus opiniones siempre valiosas sobre el mundo digital.

Gracias a Rafa Gil por sus consejos sobre el tono del libro y otros aspectos de la presentación.

Gracias a Simon Bronit, Nari Lee, Eva Blázquez, Carmen Cuadrado, Stephen Tsang, Lorenzo Biassoni y Alex Quintero, por su amistad y compañía durante el verano de 2016 en Cambridge, mientras escribía el primer borrador del libro.

Y gracias a ti, querido lector, por llegar leyendo hasta aquí. Ahora toca cerrar el libro, sacudirse la arena y mirar al horizonte. La ola tecnológica ya está aquí. *Surf's up*!

Juan Martínez Otero

COLABORAN

Fundación Arenales

La **Fundación Arenales** es una institución educativa con una docena de colegios repartidos por España, EEUU, Bulgaria y, próximamente, en Alemania y otros países, que proporciona a sus alumnos una formación académica de alto nivel y promueve en especial todos los valores relacionados con el trabajo bien hecho y realizado desde una dimensión de servicio a los demás, así como el afán de mejora y superación, la visión positiva de las personas y las situaciones, el respeto y la promoción de la libertad y la responsabilidad personales, el compañerismo, la sinceridad, la lealtad, la generosidad, la solidaridad, la búsqueda de la justicia y la concordia, etc.

Sus principales ejes de desarrollo están centrados en conseguir, a través del *mentoring* y de una adecuada innovación, que los alumnos sean personas con criterio propio, capaces de crecer y desarrollarse con gran autonomía, enfocada al servicio, en una sociedad cambiante.

iCmedia

iCmedia es la Federación de Asociaciones de Consumidores y Usuarios de los Medios. Es una iniciativa de la sociedad civil, sin ánimo de lucro, independiente y plural. Representa a los usuarios de los medios ante el sector y ante las instituciones. Cuenta con un Consejo Asesor multidisciplinar, formado por distintos profesionales de reconocido prestigio –entre los que figura el autor de este libro– procedentes de los más variados ámbitos del mundo profesional y académico.

iCmedia tiene como principal objetivo promover acciones que faciliten a la ciudadanía tener acceso a contenidos audiovisuales en condiciones óptimas, en un entorno plural, que respete la legalidad, y defienda y proteja los derechos de los usuarios, especialmente de los más vulnerables, como los menores. iCmedia aboga por un sector audiovisual en el que los profesionales desempeñen su actividad con la mayor seguridad jurídica, los consumidores puedan elegir los contenidos que consumen con conocimiento informado y en el que existan mecanismos que permitan a los usuarios generar feedback sobre el contenido.

En el ámbito específico al que se refiere este libro, iCmedia defiende y promueve, a través de distintos proyectos de formación, entre los que se incluye el apoyo a la publicación de este libro, actividades de formación orientadas al buen uso de las nuevas tecnologías y la promoción de la ciudadanía digital en el entorno de la comunidad escolar y las familias.

iCmedia trabaja a nivel institucional, profesional y ciudadano en España y en la Unión Europea. Es miembro de diversos organismos nacionales e internacionales.

Para más información: www.icmedianet.org